不同油菜品种氮素利用效率差异生理机制

郭 肖 著

中国农业出版社

北 京

本研究得到国家重点研发计划项目（编号：2018YFD0200900）和公益性行业科研专项（编号：201503124）资助

从 20 世纪开始，为了获得高产，我国农业生产中大量施用氮肥，这不仅提高了生产成本，还造成了环境氮的盈余。因此，培育氮高效品种、提高作物氮效率是降低氮肥用量、促进农业绿色发展的一条重要途径。氮效率可以分为氮素吸收效率和氮素利用效率。在我国几种主要作物当中，油菜的需氮量较高，而氮效率偏低，主要原因是氮利用效率太低。基于此，提高氮素利用效率是提高油菜氮效率，实现油菜氮肥减施和稳产增效的关键。明确不同油菜品种氮素利用效率的差异，解析油菜高效利用氮素的生物学机制是培育氮高效油菜新品种的基础。然而，这一方面的研究结果相当有限。本研究以课题组前期筛选获得的氮利用高效和氮利用低效油菜品种为对象，通过田间和培养试验确定与氮利用效率密切相关的性状，探究造成不同品种油菜氮素利用效率差异的主要原因，以期揭示油菜高效利用氮素的生物学机制，为选育氮利用高效作物品种提供可靠的理论依据。主要结论如下：

（1）籽粒产量和籽粒氮累积量是评价油菜氮利用效率的重要性状。田间和盆栽试验结果发现，氮利用高效品种氮效率、氮利用效率、收获指数、氮收获指数、籽粒产量、每角粒数和籽粒氮累积量分别比低效品种高出 36.5%、42.0%、34.0%、42.0%、39.5%、31.5% 和 30.5%。进一步研究发现，氮利用效率与籽粒产量和籽粒氮累积量显著正相关，与地上部生物量及地上部氮累积量不相关。

（2）氮利用高效油菜表现更强生长特性的关键时期是盛花期。田间和水培试验结果表明，从幼苗期到盛花期，氮利用低效品种生理特性显著高于高效品种。从盛花期到角果期，氮利用高效品种根系生物量、根系含氮量、根系谷氨酰胺合成酶活性、根系谷氨酸合成酶活性、地上部生物量、地上部含氮量、叶片净光合速率和叶片蒸腾速率分别比低效品种高出 12.4%、13.5%、16.4%、17.3%、16.0%、20.4%、52.2% 和 15.0%。因此，盛花期是氮利用高效油菜生长转折时期。

（3）花粉数目和活力是决定油菜每角粒数，进而影响籽粒产量和氮素利用效率的重要因素。在开花期测定不同氮利用效率油菜雄蕊和雌蕊性状，并详细监测角果指标在不同发育时期动态变化。结果表明，不同氮利用效率油菜初始胚珠数目没有差异。氮利用高效品种花粉数目和花粉活力分别比低效品种高出 44.1% 和 23.5%，胚珠败育率比低效品种低 39.3%。心形期之前，不同氮利用效率油菜角果性状没有差异；心形期到成熟期氮利用高效品种有效胚珠数目、角果净光合速率、角果表面积、角果生物量和角果基因表达量显著高于低效品种。

（4）花后氮素吸收的不同是引起油菜籽粒氮累积量差异的主要原因。从开花期到成熟期用 ^{15}N 同位素标记不同氮利用效率油菜，并且在开花期和成熟期分别测定油菜各个器官的生物量和含氮量。结果发现，氮利用高效品种花后吸收的氮素比低效品种高出 31.0%，而氮素再转移量在不同氮利用效率油菜之间没有差异。此外，氮利用高效品种花后吸收氮素对于籽粒氮的贡献比低效品种高出 79.5%，而花后氮素再转移在不同氮利用效率油菜间差异不显著。然而，不同氮利用效率油菜花后氮素再转移对于籽粒氮贡献的比例是花后吸收氮素的 2 倍，其中叶片氮素再转移贡献最大（39.3%），茎秆次之（37.3%），根系最小（23.4%）。

（5）根系生理特性差异是油菜花后氮素吸收能力不同的主要因素。分别于花后 10d、20d、30d 和 40d 测定不同氮利用效率油菜的根系形态和生理特性，结果表明，氮利用高效品种根长、根表面积、根系生物量、根系含氮量、根系硝酸还原酶活性、根系谷氨酰胺合成酶活性、根系过氧化物酶活性、根系超氧化物歧化酶活性和根系谷胱甘肽过氧化物酶活性分别比低效品种高出 24.1%、61.9%、98.5%、38.8%、68.4%、85.4%、75.5%、86.2% 和 72.5%。

综上所述，盛花期是氮利用高效油菜生长的转折时期；氮利用高效油菜具有更多的花粉数目和更高的花粉活力，从而降低了角果发育过程的胚珠败育率，形成更多每角粒数，从而有更高的籽粒产量和收获指数，最终有更高的氮利用效率；氮利用高效油菜开花之后具有更好的根系形态特征和较高的根系生理活性，从而有更强的花后氮素吸收能力，吸收更多的氮素储藏到籽粒，获得更高的籽粒氮累积量和氮收获指数，最终具有更高的氮利用效率。

著　者

2024 年 10 月

目 录
CONTENTS

第1章　文献综述 /////////////////////////////////////

据统计，世界人口在 2020 年已接近 80 亿人，而在未来 30 年间预计会增加 20 亿人，到 2050 年迫近 100 亿人大关（Guo et al.，2021）。因此，关于全球农业的未来有这样一个说法，即粮食产量必须大幅增长（到 2050 年可能翻一番）以满足未来人口激增的需求（Hunter et al.，2017）。由于城市化推进、耕地的退化以及环境的破坏等因素，全球耕地面积正在减少（2019 年全球耕地面积为 1 574.9 万 km^2，占总面积的 10.6%），因此优化耕地质量，即提高单位面积的粮食产量就显得至关重要（Stahl et al.，2019）。自从 20 世纪 Haber – Bosch 发明矿物氮肥生产工艺并将其应用于农业，氮肥在粮食作物增产方面就发挥了关键性的作用，养活全球近一半的人口（Bouchet et al.，2016b）。资料显示，2002 年至 2016 年全球农业氮肥总用量从 8 253 万 t 增加到 11 018 万 t（涨幅 33.5%），粮食总产量从 21 亿 t 增至 29 亿 t（涨幅 38.1%）；而我国 2016 年氮肥总用量和粮食总产量分别为 3 062 万 t 和 6 亿 t，分别占全球总量的 27.8% 和 20.7%（FAOSTAT，2017）。然而，另一份报告显示，2013 年我国年氮肥施用量约为 1990 年氮肥施用量的 2.4 倍，粮食总产量仅为 1990 年的 1.3 倍（王威等，2015），由此可知氮肥投入所带来的粮食增产效应已经非常有限。作为全球第一氮肥消费国，我国很多地区在氮肥施用逐年增加的同时，其利用效率逐年下降，最低仅为 25%，与世界平均水平 42% 相差较大，出现严重的"高肥低效"问题（Liu et al.，2016；Zhang et al.，2015）。

作为蛋白质、核酸、叶绿素等物质的重要组成部分，同时也是植物需求量最大的矿质元素，氮对植物的生长发育及产量形成具有重要的意义（Yu et al.，2019）。为了提高农作物产量，全世界许多地区的氮肥施用量都超过了农作物的需求，这不仅导致成本上升，而且增加对环境的危害，也不利于农业的可持续发展（Masclaux‐Daubresse et al.，2010）。研究表明，不管是在高氮还是低氮水平下，大田作物的氮回收率（植物氮含量/供应的氮）很低，不到 50%（Malagoli et al.，2005；Lassaletta et al.，2014）。而超过一半没有被作物吸收的氮则以硝酸盐形式淋失浸入地下水，引起水体富营养化，或者固定在土壤中被反硝化成 N_2O 和 NO_x 等并释放到大气，引起土壤酸化和温室效应（Barlog et al.，2004；Bouchet et al.，2016a）。此外，氮肥生产本身严重依赖化石能源和自然资源，就合成氨反应而言就需要消耗世界能源总量 1% 左右（Smith，2002），直接导致肥料成本大幅度上升。为了减小氮肥施用过量对经济效益和生态环境的影响，来自世界各地 20 位专家齐聚纽约大学，讨论未来氮污染给地球带来的危害，并制定出一套关于氮肥的环境保护方案来实现绿色农业。我国农业部于 2015 年启动了一项政策，即《到 2020 年化肥使用量零增长行动方案》，内容指出我国农业现阶段主要存在重氮肥、轻磷钾肥及过量施肥等问题，建议措施则为提高肥料利用率，确保粮食稳定增产、农民持续增收、农业可持续发展（Strokal et al.，2017）。

综合经济效益和环境因素，并响应国家政策，提高植物的氮效率（每单位土壤施氮量所对应的籽粒产量）（Moll et al.，1982）是当下面临的一项重要课题。Liang 等（2019）研究表明，在冬小麦-夏玉米复合种植系统中，氮素综合管理可以提高氮效率；Jalil Sheshbahreh 等（2019）研究发现，精确的灌溉制度可以提升松茸生物量和氮效率；Lu 等（2019）研究指出，水稻-油菜长期轮作可优化根际土壤，增强根系对氮的吸收和同化，提高氮效率和产量。然而，这些方法都属于农艺措施，而提高氮效率的最佳途径是利用植物自身高效吸收利用氮的生物遗传特性，筛选氮高效基因型品种，研究植物氮素高效利用机制，从根本上解决氮效率低的难题，是实现经济与生态共赢的有效途径（Iqbal et al.，2020a）。

1.1　植物氮效率

氮效率是一个复杂的间接性状（不能直接测定），其中包括植物对氮的吸收、同化、运转和再利用等生理过程，并且受环境和遗传因素的双重影响（Hawkesford，2017）。在农业生产中，由于研究背景和研究对象不同，对氮效率的定义也略有区别。Moll 等（1982）将氮效率分解为两部分：一是氮吸收效率，表征作物在相同供氮水平下的氮素吸收能力，即全生育期植物总氮累积量与土壤总供氮量的比值；二是氮利用效率，又名氮生理效率，指植物对吸收氮素转化为籽粒产量的能力，即籽粒产量与植株氮累积量的比值（图 1-1）。氮吸收效率和氮利用效率的乘积即为氮效率。氮吸收效率主要和根系构型和根系吸收转运活性有关，氮利用效率则涉及氮运输、转移进入籽粒和同化的全过程（Masclaux-Daubresse et al.，2010）。然而，关于植物氮吸收效率和氮利用效率这两部分对氮效率的贡献，一直存在严重的分歧并持续到现在。Kamh 等（2005）研究表明，氮吸收效率对氮效率的贡献率大于氮利用效率；Sylvester-Bradley 等（2009）研究指出，氮效率低的主要原因是氮利用效率较低；Stahl 等（2019）研究发现，氮吸收效率和氮利用效率对氮效率的贡献相当。也有一些学者认为，高氮下植物氮效率主要与氮吸收尤其是花后氮吸收有关；而低氮下主要由氮再转移过程和氮利用效率决定（Chardon et al.，2010；Masclaux-Daubresse et al.，2011）。除此之外，国内外关于氮效率的定义还有氮农学效率（施肥区和不施肥区产量差值／施肥量）和氮生理效率（施肥区和不施肥区产量差值／植株氮累积量差值）。

1.1.1　植物氮吸收效率

高等植物根系吸收的两个主要无机氮源是硝酸盐（NO_3^-）和铵盐（NH_4^+），但是二者被植物吸收和利用的机理不尽相同，因此植物生长因

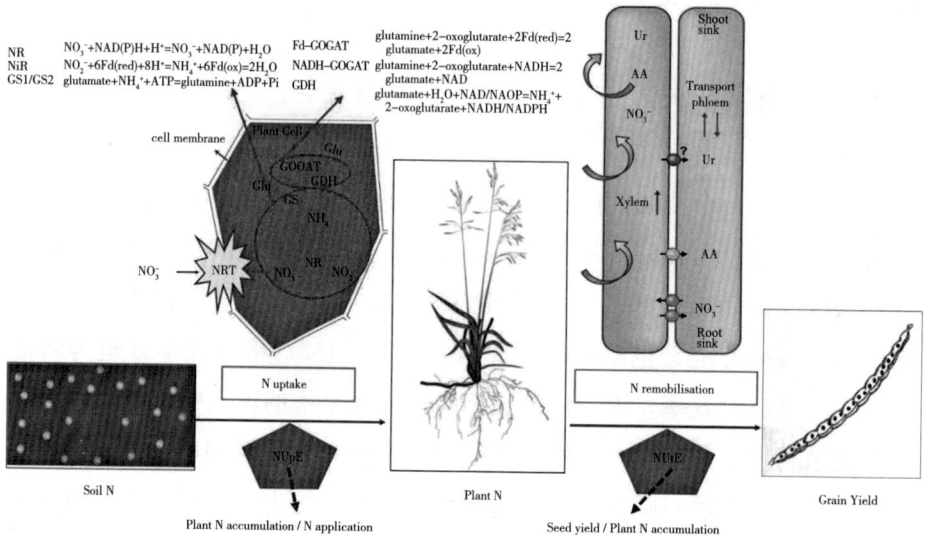

图 1-1 植物氮素吸收利用示意

注：改编自 Good 等（2004）、Iqbal 等（2020a）。

吸收氮形态不同而具有较大的差异（Jampeetong et al.，2013）。通常情况下，陆生植物都比较偏好 $NO_3^- - N$，但是在酸性或者水淹土壤中生长的植物更喜欢 $NH_4^+ - N$，并且这两种源的优先选择取决于多种因素，如植物种类、生长阶段以及当地气候（Iqbal et al.，2020b）。本小节主要综述陆生植物根系吸收硝态氮的生理和分子机制。

1.1.1.1 植物根系吸收硝态氮生理机制

植物根系从土壤中吸收硝态氮，并在硝酸盐转运蛋白的帮助下主动输送进细胞，此后在植物体内经历同化、贮藏、运输、外排等途径（Tegeder et al.，2018）。当 NO_3^- 进入植物的根部细胞时，首先在硝酸还原酶（nitrate reductase，NR）作用下被还原成亚硝酸盐（NO_2^-），这一过程也代表了 NO_3^- 同化途径的第一步（Kant et al.，2011）。之后位于质体中的亚硝酸还原酶（nitrite reductase，NIR）催化将 NO_2^- 还原为 NH_4^+。NH_4^+ 再通过谷氨酰胺合成酶（glutamine synthetase，GS）、谷氨酸合成酶（glutamate synthase，GOGAT）和谷氨酸脱氢酶（glutamate dehydrogenase，GDH）的同化作用，形成谷氨酸和谷氨酰胺，再转为天冬氨酸和天冬酰胺，最后转变为植物体所需氨基酸和含氮化合物（Bernard et al.，2009；Xu et al.，2012）。GS 催化的第一反应被认为是促进无机氮与 GOGAT 结合到有机分子中的主要途径，GOGAT 循环利用谷氨酸并以 2-羟基戊二酸形式的碳骨架并入循环中（Cormier et al.，2016）。

硝酸还原酶是硝酸盐同化途径中的第一个酶，也是限速酶和诱导酶，对植物氮素代谢过程具有关键作用（Yanagisawa，2014）。高等植物中 NR 主要类型是 NADH-dependent NR，由硝酸盐诱导；后来又发现了一种不依赖于硝酸盐的组成型 NR，特别是在大豆组织中，它有两种组成型 NR（Silveira et al.，2001）。NR 对外界条件十分敏感，不同氮形态、氮浓度甚至不同植物品种均会引起氮代谢酶的活性变化，而 NR 活性强弱也决定了植物体内硝酸盐同化为氮化合物的速度（Anjana et al.，2011；Yanagisawa，2014）。Konnerup 等（2010）研究发现，用硝态氮培养的印度大麻叶片和根系中 NR 含量都显著高于用铵态氮培养。

亚硝酸还原酶主要由铁硫簇亚基和西罗血红素构成，存在于植物叶绿体（非绿色组织中的质体）（Pathak et al.，2008）。当硝酸盐被 NR 还原成亚硝酸盐后，如果亚硝酸盐累积，会对植物有毒。因此，亚硝酸盐被运输到绿色组织的叶绿体中，被 NIR 还原为铵，并且其合成受到 NO_2^- 供应的影响（Masclaux-Daubresse et al.，2010；Wang et al.，2018）。如果 NR 不受抑制，亚硝酸盐的还原速度减慢（如由光线减少、碳还原或氧还原引起），则亚硝酸盐的水平可能会上升到毒性水平（Crawford et al.，2002）。

谷氨酰胺合成酶在真核生物和原核生物中已经被鉴定出三种类型，即 GSI、GSII 和 GSIII（基于序列相似性，在已经完全测序的植物基因组中找不到 GSIII）。在许多双子叶植物和单子叶植物物种中，已经确定了 GSI 和 GSII 类型：其中三到五个亚型位于细胞质中（GSI），质体中有一个亚型（GSII）（Swarbreck et al.，2011）。有研究表明，调控 GSI 同工酶在特定器官或组织中的分布和相对活性在全植物水平上对氮素资源的管理具有重要意义，而 GSII 亚型被认为主要参与光呼吸释放的铵的再同化（Chardon et al.，2012）。

谷氨酸合成酶将 L-谷氨酰胺的酰胺基团转移至 2-氧代戊二酸酯，从而生成两个 L-谷氨酸分子：一个利用还原的铁氧还蛋白作为电子供体（Fd-GOGAT），另一个利用还原烟酰胺腺嘌呤二核苷酸（NADH）作为电子供体（NADH-GOGAT）。这两种酶均位于叶绿体或质体中，可以通过直接测量酶的活性或通过免疫定位研究来确定（Suzuki et al.，2005）。Fd-dependent 酶通常在光合组织的叶绿体中存在，能够直接利用光能作为还原剂的供应；而 NADH-dependent 酶主要位于非光合作用细胞中，其中还原剂通过磷酸戊糖途径提供（Lea et al.，2010）。

谷氨酸脱氢酶通过在体外催化 2-氧代戊二酸的还原氨基化和谷氨酸的氧化脱氨基化，从而达到调控谷氨酸的合成和分解（Krapp，2015）。GDH 具有六聚体结构，由两个亚基多肽 a 和 b 组成，分子质量和电荷有微小但明显的差异，并且定位在线粒体中（Masclaux-Daubresse et al.，2010）。GDH 在植物碳氮代谢和植物体内再转运中的确切生理作用前期很大程度上以推测性为主（Damianos et al.，2006），随着研究深入，其功能正在被慢慢地证实，例如：由外源性铵盐、衰老诱导的高蛋白水解活性或非生物胁迫引起的细胞内高氨会引起氨基化 GDH 活性的增加（Masclaux-Daubresse et al.，2006）。

1.1.1.2 植物根系吸收硝态氮分子机制

无论在低氮还是高氮条件下，植物根系从土壤中有效地获取硝酸盐，都需要硝酸盐转运系统来完成（Guo et al.，2019）。到目前为止，在植物体内已经发现有 4 个硝酸盐转运家族：第一个是低亲和力转运系统（LATS），当外界 NO_3^- 浓度较高时（大于 $250\mu mol/L$），则主要依赖于植物硝酸盐转运蛋白 1（Nitrate Transporter 1，NRT1）或肽转运蛋白（Peptide Transporter Family，PTR）基因家族（重命名 NPF 家族）；第二个是高亲和力转运系统（HATS），当外界 NO_3^- 浓度较低时（2～$20\mu mol/L$），植物根系吸收 NO_3^- 主要依靠硝酸盐转运蛋白 2（Nitrate

Transporter 2，NRT2）基因家族；第三个是氯离子通道（Chloride Channel，CLC），负责向液泡中运输硝态氮，在液泡 NO_3^- 的积累中起关键作用；第四个是慢速阴离子通道（Slow Anion Channel - Associated 1 / Slow Anion Channel Homologues，SLAC / SLAH），对 NO_3^- 的渗透性表现出强烈的偏好（Feng et al.，2011；Fan et al.，2017a；Iqbal et al.，2020a）。本部分内容主要以双子叶模式植物拟南芥和单子叶模式植物水稻高亲和力转运系统和低亲和力转运系统为例（图 1 - 2）。

第一个被发现并验证的植物硝酸盐转运蛋白来自拟南芥的 NRT1.1，后来结合肽转运蛋白基因家族，重新命名属于 NPF 家族（Tsay et al.，1993；Léran et al.，2014）。NPF 家族包括大量基因，在拟南芥中有 53 个成员，在水稻中有 93 个成员。除硝酸盐外，NPF 家族基因还运输亚硝酸盐、氨基酸、氯化物、芥子油苷、赤霉素、生长素、茉莉酸酯和脱落酸（Kanno et al.，2012；Fan et al.，2017a；Krouk et al.，2010）。尽管 NPF 家族基因被认为参与调控根系对外界高浓度 NO_3^- 的吸收，但有一些 NPF 基因比较特殊，如拟南芥中的 NRT1.1，已被证实为双亲和硝酸盐转运蛋白，在培养基中硝酸盐浓度 50 μmol/L 以下具有高亲和力，而在浓度达到 5 mmol/L 以上时则具有低亲和力（Liu et al.，2003）。这主要是因为 NRT1.1 的双重作用受苏氨酸 101 残基磷酸化的调节：当培养基中硝酸盐可利用性高时，T101 会被去磷酸化，NPF6.3 形成二聚体，其作用类似于 LAT；当可利用性较低时，情况恰恰相反，就如同 HAT（Iqbal et al.，2020a）。后续的研究发现，水稻中的 NRT1.1B 和苜蓿中的 NRT1.3 已被证实为双亲和硝酸盐转运蛋白，同时参与 HATS 和 LATS 系统（Morere - Le Paven et al.，2011；Hu et al.，2015）。

在双子叶模式植物拟南芥中，已经发现并鉴定功能的硝酸盐转运蛋白包括：NRT1.1 同时参与高、低亲和性 NO_3^- 的吸收（Tsay et al.，1993）；NRT1.2 参与低亲和性 NO_3^- 的吸收（Huang et al.，1999）；NRT1.4 维持叶柄处 NO_3^- 的稳态平衡（Chiu et al.，2004）；NRT1.5 参与 NO_3^- 在根部的装载（Lin et al.，2008）；NRT1.6 介导 NO_3^- 向胚胎的

转运（Almagro et al.，2008）；$NRT1.7$ 介导老叶细脉韧皮部 NO_3^- 的装载（Fan et al.，2009）；$NRT1.8$ 介导木质部 NO_3^- 的卸载（Li et al.，2010）；$NRT1.9$ 参与根系韧皮部 NO_3^- 的装载（Wang et al.，2011）；$NRT1.11$ 和 $NRT1.12$ 抑制根系吸收的 NO_3^- 向成熟叶片的转运，并促进 NO_3^- 向新生幼嫩叶片的分配（Hsu et al.，2013）。而在单子叶模式植物水稻中，已经被发现并鉴定其功能的硝酸盐转运蛋白包括：$NRT1.1$ 编码水稻的低亲和力硝酸盐吸收系统，参与 NO_3^- 的吸收（Lin et al.，2000）；$NRT1.1B$ 编码低亲和力硝酸盐转运蛋白，参与 NO_3^- 的吸收和转运（Hu et al.，2015）；$NRT1.1b$ 主要在根中木质部附近的根毛和表皮中表达，参与硝酸盐的吸收和运输（Fan et al.，2016）；$NRT1.3$ 是一种假定的硝酸盐转运蛋白，其启动子可应对干旱胁迫（Hu et al.，2006）；$NRT1.6$ 在 NO_3^- 的吸收和远距离运输中起作用，并且改变其表达对根与地上部之间的 K 循环有间接影响（Xia et al.，2015）（图 1-2）。

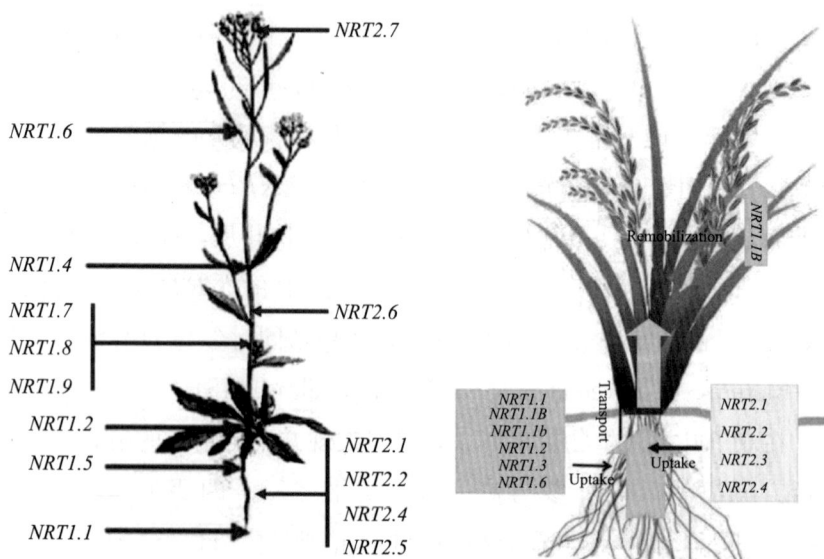

图 1-2　拟南芥和水稻硝酸盐转运蛋白调控氮吸收示意

注：改编自 Fan 等（2017a）、Krouk 等（2010）。

在拟南芥中，*NRT2* 基因家族至少有 7 个成员。其中 *NRT2.1*、*NRT2.2*（*NRT2.1* 的功能补充者）、*NRT2.4* 和 *NRT2.5* 定位于根表皮、皮层或内皮层细胞质膜上，主要负责从外界吸收硝酸盐的过程（Fan et al.，2017a）（图 1-2）。*NRT2.6* 定位于质膜上，主要调控低氮条件下吸收和转移（Lezhneva et al.，2014）。*NRT2.7* 定位于液泡中，对于硝酸盐在成熟胚胎中的储存起调控作用（Wang et al.，2012）。在水稻中，至少有 5 个 *NRT2* 家族成员，*NRT2.1* 和 *NRT2.2* 具有相同的编码区序列，但具有不同的 5'-和 3'-非转录区（UTR），并且与其他单子叶植物的 *NRT2* 基因具有高度相似性，而 *NRT2.3* 和 *NRT2.4* 与拟南芥 NRT2 蛋白密切相关（Cai et al.，2008）。研究表明，根诱导型 *NAR2.1* 启动子控制的 *NRT2.1* 的过表达可以提高氮吸收量和籽粒产量（Chen et al.，2016）；过表达水稻高亲和力硝酸盐转运蛋白 *NRT2.3b* 有利于植株对硝酸盐的吸收和籽粒产量增加（Fan et al.，2017b）。值得注意的是，许多 *NRT2* 家族成员无法独自吸收和运输 NO_3^-，它们需要伴侣蛋白 NAR2（硝酸同化相关蛋白，属于 *NRT3* 家族）相互作用，但酵母和丝状真菌除外（Iqbal et al.，2020a）。*NAR2* 基因功能是在莱茵衣藻中首次被发现，它协助 *NRT2.1* 和 *NRT2.2* 对 NO_3^- 进行转运（Zhou et al.，2000）。在拟南芥中，7 个 *NRT2* 家族成员中有 6 个需要 *NAR2.1* 才能运输 NO_3^-，并且研究发现有 2 个 *NAR2* 基因和 7 个 *NRT2* 家族成员被鉴定具有相似的功能（Kotur et al.，2012）。而在水稻中，3 个 *NRT2* 成员（*NRT2.1*、*NRT2.2* 和 *NRT2.3a*）则需要与 *NAR2.1* 的相互作用吸收硝酸盐（Feng et al.，2011）。但是，水稻中有 1 个硝酸盐转运蛋白——*NRT2.4* 不需要 *NAR2* 的参与，也能独自吸收和运输硝酸盐（Kiba et al.，2012）。

1.1.2　植物氮利用效率

营养生长阶段，植株根系吸收的氮素通过木质部的装载，向上运输并储存在叶片（库）；之后在生殖生长过程中，这些储存氮主要以氨基酸的形式又被重新转移到正在发育的种子中（Okumoto et al.，2011）。研究表明，超过95%的籽粒氮来自叶片中现有蛋白质降解之后的再转移，其余的则从土壤和后期追肥中补充（Xu et al.，2012）。

1.1.2.1 植物氮素运输

植物的木质部能够容纳根向茎输送的硝酸盐、氮同化物、其他营养物质和水分，这主要受叶表面的蒸腾作用驱动，在木质部中产生向下延伸到根部的静水压力梯度（Tyree，2003）。木质部不仅促进地上部组织生理功能的即时氮素供应，还能沿其运输路径回收氮，在根、茎、叶主脉以及木质部到韧皮部储存氮，供给快速生长的植物器官（Tegeder et al.，2018）。通常情况下，在木质部内会有多种氨基酸的运输，由于植物的种类和环境不同，各种氨基酸的浓度可能会有所差异，但天冬氨酸、谷氨酸、天冬酰胺和谷氨酰胺含量最高（Xu et al.，2012）。对于木质部的装载，氮化合物需要从根内皮层、中柱鞘或维管薄壁组织输出到质外体中，这一过程通常被认为是被动运输（Tegeder，2014）。在拟南芥和水稻根中分别通过质子偶联转运机制 *NPF7.3 / NRT1.5* 和 *NPF2.4* 介导释放硝酸盐的研究推测，转运蛋白活性、木质部 pH 和根向茎的硝酸盐转运之间可能存在一定的内在联系（Lin et al.，2008；Xia et al.，2015）。拟南芥 *NPF7.2 / NRT1.8* 定位于根薄壁细胞的质膜，而 *NPF2.9 / NRT1.9* 定位于韧皮部伴生细胞，两个硝酸盐转运蛋白基因均通过将硝酸木质素导入根细胞来调节从根到茎的硝酸盐转运（Li et al.，2010；Wang et al.，2011）。近年来，通过非洲爪蟾卵母细胞表达、电生理和细胞定位等方法，已经分析了4个水稻 *AAP* 家族基因（*AAP1*、*AAP3*、*AAP7* 和 *AAP16*）的转运功能：*AAP1*、*AAP7* 和 *AAP16* 具有通用 *AAP* 家族基因功能，即除天冬氨酸和β-丙氨酸外，其他氨基酸均可转运；*AAP3* 具有底物特异性，可以很好地转运碱性氨基酸，但对芳香族氨基酸有选择性转运（Taylor et al.，2015）。

木质部中卸载的氮化合物在蒸腾作用的驱动下被运输到木质部薄壁细胞中，通过质子共生向韧皮部移动（Van Bel，1990）。在拟南芥中，*NPF1.2 / NRT1.11* 和 *NPF1.1 / NRT1.12* 调控叶片中硝酸盐从木质部到韧皮部的运输，当硝酸盐水平较高时，这些转运蛋白能促进叶片的生长（Hsu et al.，2013）。硝酸盐可能被叶柄中 *NPF6.2 / NRT1.4* 提取并贮藏，也可能被尚未鉴定的 *NPF / NRT* 导入叶肉细胞（Chiu et al.，2004）。研究表明，硝酸盐和铵盐一旦进入叶肉细胞，就会被还原为氨基酸或暂时储存在液泡中（Ludewig et al.，2007）。输入的酰化物和氨基酸可能会转移到细胞质或液泡的存储池中，通过通道进入蛋白质进行代谢或暂时储存，或装载到韧皮部重新分配以吸收（Tegeder et al.，2010）。根系木质部中硝酸盐的释放通过 *NPF2.4* 介导，这可能表明转运蛋白活性、木质部 pH 和硝酸盐从根到茎的转运之间的联系（Xia et al.，2015）。研究发现，水稻中低亲和性的 *NPF2.2* 转运蛋白也参与木质部硝酸盐的清除并导入薄壁细胞（Li et al.，2015b）。

1.1.2.2　植物氮素转移

籽粒中的氮主要来自两个途径：一是开花前营养组织的同化库中再转移到籽粒，二是开花后直接从外界吸收后转移进籽粒（Taulemesse et al.，2015；Bogard et al.，2011）。研究表明，氮素再转移主要以氨基酸的形式，并且高度依赖于花期存储的氮（Taulemesse et al.，2016；Gregersen et al.，2013）。同时，土壤氮素供应水平、开花期生长条件和基因型等因素决定氮贮藏量（Barbottin et al.，2005）。氮素再转移主要发生在叶片衰老的过程中。当叶片衰老时，韧皮部汁液中的谷氨酰胺和天冬酰胺的浓度升高，而这两种氨基酸可能在衰老叶片氮的再转移过程中起到关键调控作用（Orsel et al.，2014）。Fan 等（2009）研究发现，拟南芥 *NPF2.13 / NRT1.7* 参与氮素再转移过程，该转运蛋白在老叶韧皮部组织中的空间表达以及氮饥饿时诱导表达。另一个参与拟南芥氮再转移的硝酸盐转运蛋白是 *NRT2.4*，该转运蛋白在高亲和性范围内发挥作用，并且在氮不足时也诱导其表达（Kiba et al.，2012）。虽然细胞定位尚不清楚，但研究发现 *NRT2.5* 在拟南芥叶片的小叶脉中表达，并与 *NRT2.4* 一起影响叶片中硝酸盐再转移和韧皮部运输（Lezhneva et al.，2014）。在水稻中，编码氨基酸转运蛋白 *AAP6* 的定量性状基因座 *qPC1* 是籽粒蛋白积累的调节因子，AAP6 在种子胚乳中表达，AAP6 过表达和近等基因系中的高转录水平与高谷蛋白含量相对应（Peng et al.，2014）。

据报道，营养器官再转移到籽粒氮的量占大部分，其余的则取决于开花后氮素的持续吸收（Taulemesse et al.，2015；Taulemesse et al.，2016）。Hirel 等（2007）研究发现，接近70％的玉米籽粒氮素来自开花前储存于叶片中氮的再利用，而叶片中大约80％的氮位于叶绿体中，以蛋白质的形式存在（Marlinez et al.，2008）。Coque 等（2007）在玉米中也发现相似的结果：玉米籽粒中62％的氮来源于氮素再转移，38％来源于吐丝后根系对氮的吸收。在小麦中，收获时籽粒氮50％～95％的氮素来自花期前在茎和根中储存的氮素再转移，并且叶片和茎秆占有最大比例，根和谷壳分别贡献约10％和15％（Kichey et al.，2007；Gaju et al.，2014）。Zhou 等（2016a）研究表明，小麦籽粒氮中有64.7％来自播种至花期之间获得的氮，而其余35.3％来自花期至成熟之间获得的氮。在外界不同的氮供应条件下，营养器官向籽粒再转移的氮素又有所区别。Masclaux-Daubresse 等（2011）在拟南芥中的研究发现，高氮条件下营养器官氮再转移比低氮高4倍，因而高氮条件下种子中的含氮量是低氮的4倍。Gombert 等（2010）分别在高氮（200kg/hm²）和低氮（0 kg/hm²）条件下研究油菜氮再转移，发现高氮情况下的氮转移量是低氮条件下的3倍。

尽管花后吸收的氮对于籽粒氮的贡献较少，但是在小麦籽粒中仍有5％～40％氮来自开花后植物根系吸收（Kichey et al.，2007；Taulemesse et al.，2015）。有研究表明，在可控条件下，小麦氮素吸收能力接近籽粒成熟期（Taulemesse et al.，2016）。此外，研究发现提高开花后氮吸收能力有助于打破籽粒产量与种子氮浓度之间的负相关关系，因为植物产量的提高伴随着种子氮浓度的降低（Kirkegaard et al.，2018；Stahl et al.，2017）。植物花后根系对于硝酸盐吸收能力取决于细胞的能量供应和电化学质子梯度，局部根段对硝酸盐的吸收速率主要取决于硝酸盐吸收动力学（Xing et al.，2019；Jiang et al.，2017；York et al.，2016）。通常情况下，用氮吸收动力学参数 V_{max} 和 K_m 可以表征根系对于外界氮素吸收能力（Hao et al.，2014；York et al.，2016）。花后氮吸收对籽粒氮的贡献不仅取决于生长环境，而且在某种程度上取决于植物自身特性。Sun 等（2016）研究发现，水稻根系分泌物的数量与氮素的吸收和偏好呈正相关。另一个影响植物花后氮素吸收效率的重要因素是根系构型。Guo 等（2019）研究表明，氮利用高效型油菜拥有更强的根系结构，有更强的氮吸收能力，因此吸收更多的氮素用于地上部干物质的积累。除此之外，开花后植物衰老也与花后氮素吸收密不可分。植物衰老是植物资源重新分配所必需的发育过程，其过程受到细胞程序性死亡的调控（Schneider et al.，2017；Have et al.，2017）。Borrell 等（2001）研究表明，延迟高粱花后叶片衰老可以让根系保持较高的氮素吸收能力。Hirel 等（2007）也强调延长绿叶持续时间可能会影响开花后作物从土壤吸收氮素。Chen 等（2015b）和 Liu 等（2019）研究表明，植物花后根系延缓衰老并保持较高的活力，有助于外界养分吸收。

1.2　油菜氮利用效率

油菜（*Brassica napus* L.）是世界上需氮量最多的油料作物。有研究表明，油菜通常被认为是一种氮利用效率低的作物（Bouchet et al.，2016a）。Svecnjak 等（2006）研究报道，油菜的氮效率较低的原因是氮利用效率很低而不是氮吸收效率太低。Sylvester - Bradley 等（2009）分析 21 种主要农作物氮效率，证明造成油菜氮效率低的主要原因是氮利用效率太低而不是氮吸收效率太低。Stahl 等（2016）也得到类似的研究结果，不管是高氮还是低氮条件下，油菜氮效率和氮利用效率显著正相关，和氮吸收效率不相关。因此，提高油菜的氮利用效率是提高氮效率的关键。本项目小组前期通过田间和盆栽试验，把 50 份不同氮利用效率油菜分为 4 个类型：高氮高效（高氮条件下氮利用效率高于平均值的油菜品种，Nt - responder）、高氮低效（高氮条件下氮利用效率低于平均值的油菜品种，

Nt‐nonresponder)、低氮高效（低氮条件下氮利用效率高于平均值的油菜品种，Nt‐efficient）和低氮低效（低氮条件下氮利用效率低于平均值的油菜品种，Nt‐inefficient）（He et al.，2017a）。

1.2.1　油菜氮利用效率基因型差异

氮利用效率的差异不仅表现在不同植物间，也表现在同种植物的不同基因型间。例如：小麦（Hitz et al.，2016；Tian et al.，2016）、玉米（Pathan et al.，2015）、水稻（Zhou et al.，2016b；Ogawa et al.，2016；Djaman et al.，2016）等主要农作物对氮素利用能力存在显著的基因型差异。Balint 等（2008）在温室条件下，研究了12个不同品种油菜氮利用效率，发现不仅不同品种间氮利用效率不同，甚至在苗期和成熟期也有差异。Kessel 等（2012）对比几种老品种和现代品种，发现成熟期油菜氮利用效率存在显著基因型变异。而本项目小组前期通过田间和盆栽双重试验发现，50份油菜在田间条件下氮利用效率最大相差1.3倍（供氮水平较高时）和1.6倍（供氮水平较低时），在盆栽条件下氮利用效率最大相差2.3倍（供氮水平较高时）和2.6倍（供氮水平较低时）（He et al.，2017a）。

筛选和培育高效利用氮素的油菜品种，有利于从根本上提高氮利用效率，而氮利用效率基因型的差异为氮利用高效筛选提供了基础。Svecnjak 等（2006）研究发现营养生长期春油菜氮利用效率排序与收获期的排序并不一致；Balint 等（2008）针对84种春油菜在幼苗期分别在氮素缺乏和氮素充足条件下进行了氮利用效率筛选，发现油菜营养生长期氮利用效率高低和籽粒收获期的不一致；Zhang 等（2010b）也在盆栽试验中发现同一油菜品种在高氮和低氮条件下氮利用效率并不相同，单纯地以作物在某一养分浓度时的生物量或产量来定义氮利用效率是不完整的。本项目小组前期试验同样发现，在不同氮处理情况下（高氮和低氮），油菜氮利用效率也有较大差异（张玉莹等，2014）。

1.2.2　油菜高效利用氮素的生物学机制

油菜氮素利用率是一个数量性状，由多基因控制，但目前的研究基本还停留在初步定位这个阶段。对于油菜氮利用效率关键基因的研究，仅见 Good 等（2004）在油菜中用组织特异性启动子（btg26）超表达大麦 *AlaAT*，在低氮条件下油菜产量和氮效率有所增加。Han 等（2016）研究表明，参与木质部硝酸根装载的基因 *BnNRT1.5* 和参与木质部硝酸根卸载的基因 *BnNRT1.8* 在不同油菜品种中的表达量不一致，推测这种情况有利于氮在木质部的高效转运。Guo 等（2019）在水培条件下研究发现，不同氮利用效率油菜苗期根系 *BnNRT1.1* 和 *BnNRT2.1* 表达量有显著差异，这可能是最终氮利用效率差异的原因之一。研究表明 GS1 和 GS2 蛋白比例在不同小麦基因型间存在显著差异（Bernard et al.，2009），表明调控该酶活性可能改变作物氮利用效率。Wang 等（2014a）通过水培试验发现，缺氮胁迫会抑制大部分 *NR* 和 *GS* 家族基因的表达水平，然而这种抑制程度在不同的氮效率种质中表现不同。

国内外不少研究小组对不同氮利用效率油菜品种的差异及其机制做了探讨，但是结论不尽一致。华中农业大学田飞（2011）和王改丽（2014）提出，氮利用高效油菜可以形成较发达的根系，将吸收的氮素转化成更多的生物量，有较高的氮利用效率。因此，油菜高效利用氮素的机理为：高效品种具有较发达的根系形态和较强的根系活力，从而吸收较多的氮和具有较强的氮转运能力，最终形成较多的生物产量和籽粒产量。湖南农业大学陈历儒（2009）也发现类似的结果：氮高效品种具有较大的根重和根系体积、较长的根长、较大的根系总吸收面积和活跃吸收面积，根系活力和一级侧根数在大部分处理下也存在以上趋势。湖南农业大学韩永亮（2014）研究表明，氮高效品种有较低的液泡膜质子泵活性，NO_3^- 被更多地分配在细胞质中能被还原利用，进而有更高的氮效率。Ulas 等（2013）在田间试验中发现，不同氮利用效率基因型油菜氮素转移效率排序和最终氮利用效率排序并不一致，花后根系对于氮素的吸收可能是造成不同氮效率基因型差异的主要原因。Balint 等（2011）和 Koeslin - Findeklee 等（2016）研究发现，油菜开花期吸收的氮素主要向叶片和茎杆分配，角果发育期吸收的氮素主要向叶片和角果分配，高效基因型比低效基因型油菜向叶片和籽粒分配的氮素更多。

本项目小组从 2008 年开始，分别于田间和盆栽条件下从 50 份油菜中筛选得到氮利用高效和低效基因型，并分析了不同基因型油菜氮利用效率的差异及其与农艺性状和氮营养性状的关系。研究发现，无论在何种氮供给环境条件下，油菜氮利用效率与收获指数（籽粒产量／地上部生物量）和氮素收获指数［籽粒氮累积量／植株总累积量（Luo et al.，2015）］显著正相关（He et al.，2017a）。本项目前期研究还发现，氮利用效率与籽粒产量显著正相关，并且氮利用高效品种籽粒产量显著高于低效品种；氮利用高效品种油菜氮累积量与氮低效基因型并无显著差异，因此油菜氮素收获指数主要取决于籽粒氮累积量的大小。籽粒中氮素的积累一方面来源于营养器官中氮素的再利用，另一方面来源于作物生长后期直接从土壤中吸收。本项目小组前期研究根据差减法（开花初期地上部氮累积量－成熟期地上部氮累积量）估算发现氮利用高效品种和低效品种茎叶氮素转移效率没有显著差异，但是高效品种花后氮素吸收量显著高于低效品种。

综上所述，油菜氮利用效率与籽粒产量和氮累积量都显著正相关。那么，是什么原因造成氮利用高效品种籽粒产量显著高于低效品种？本研究小组前期发现，油菜氮利用效率和产量三要素中的每角粒数显著正相关，与单株角果数和千粒重不相关（He et al.，2017a）。与此同时，油菜每角粒数因品种不同而差异很大（5～35 粒）（Yang et al.，2016）。然而，探究不同氮利用效率油菜籽粒形成的源头（雄蕊和雌蕊），并精确分析每角粒数出现差异的关键时期，目前鲜有报道。另一方面，又是什么原因引起氮利用高效品种籽粒氮累积量显著高于低效基因型呢？研究小组前期在盆栽条件下通过差减法发现不同氮利用效率油菜籽粒氮累积量差异可能是花后氮素吸收不同造成的。但是在盆栽条件下通过差减法计算的氮素转移量以及花后氮素吸收有偏差：第一，根系虽然在氮素再转移到籽粒的贡献比较小（Malagoli et al.，2005），但是通过盆栽试验不能完整收集采样时期的根系并且准确计算其对籽粒氮的贡献大小；第二，用成熟期和花期的差值来表征花后氮吸收对籽粒氮的贡献相当于默认花后根系吸收的氮素全部都运输进籽粒（Gombert et al.，2010）。

基于此，本研究拟在田间和盆栽条件下，在开花期测定不同氮利用效率油菜雄蕊和雌蕊性状，并监测角果形态在不同发育时期的动态变化，阐明油菜籽粒形成差异的主要原因和关键时期。与此同时，在水培条件下开花期用 ^{15}N 进行长期标记，花后氮素再转移和氮素直接吸收对于籽粒氮的贡献通过开花期和成熟期各器官中含氮量来计算，从而精确区分花后营养器官氮素再转移和花后氮素吸收对于籽粒氮的贡献。

1.3 研究目的、研究内容和技术路线

1.3.1 研究目的

油菜是世界上重要的油料作物，对氮素的需求量很高，但将吸收的氮素转化为籽粒产量的能力（氮利用效率）很低，仅约为谷物作物的 50%。而超过一半施用的氮素不会被根系吸收，反而直接流失到环境中导致土壤酸化、温室效应和水体富营养化等问题日益严重。根据不同氮利用效率油菜种质资源存在天然的氮利用效率差异，筛选出与油菜氮利用效率紧密相关的植物性状，深入探讨引起其差异的生理机制，是提高油菜氮利用效率的一条有效途径。本项目小组前期分别于田间和盆栽条件下，从 50 份油菜中筛选得到在高氮和低氮条件下氮利用高效（高氮高效和低氮高效）和氮利用低效（高氮低效和低氮低效）品种。在此基础上，本研究以高氮高效、高氮低效、低氮高效和低氮低效油菜为对象，在田间、土培、水培以及沙培条件下，研究不同氮利用效率油菜生理特征差异，明确造成不同氮利用效率油菜籽粒产量差异的主要原因和关键时期，探究不同氮利用效率油菜花后营养器官氮素的再转移与再吸收对籽粒氮的贡献，为最终揭示作物高效利用氮素的生理机制，培育氮高效油菜新品种提供科学依据。

1.3.2 研究内容

1.3.2.1 油菜氮利用效率差异分析

本研究拟在田间和盆栽条件下，通过探究不同氮利用效率油菜成熟期农艺性状（株高、茎粗、第一节分支数目和第一节分株高度）、产量构成（每角粒数、单株角果数和千粒重）、氮收获指数（籽粒氮累积量和地上部氮累积量）、收获指数（籽粒产量和地上部生物量）以及氮效率（氮利用效率和氮吸收效率）的变化，明确与油菜氮利用效率紧密相关的植物性状。

1.3.2.2 不同氮利用效率油菜关键生长期分析

本研究拟在田间和水培条件下，通过分析不同氮利用效率油菜品种幼苗期、现蕾期、抽薹期、盛花期和角果期地上部（叶片叶绿素含量、叶片光合作用参数、叶片氮代谢酶活性、地上部生物量以及含氮量）和根系生理特性（根系形态、根系生物量、根系含氮量、根系氮代谢酶活性以及氮吸收动力学参数）变化，明确不同氮利用效率油菜关键生长期。

1.3.2.3 不同氮利用效率油菜每角粒数差异分析

本研究拟在田间和盆栽条件下，通过测定不同氮利用效率油菜品种开花期花粉数目、花粉活力、初始胚珠数目，并检测角果净光合速率、角果表面积、角果生物量以及每角粒数在原胚期、球形期、心形期、鱼雷期和成熟期的动态变化，最后在成熟期测定胚珠败育率，明确造成不同氮利用效率油菜每角粒数差异的主要原因和关键时期。

1.3.2.4 不同氮利用效率油菜籽粒氮来源分析

本研究拟在水培条件下，通过在开花初期用 ^{15}N 同位素标记到成熟期，测定不同氮利用效率油菜品种开花初期和成熟期各器官生物量和含氮量，精确计算开花后根、茎、叶氮素再转移及花后吸收氮素与籽粒氮的比例，确定不同氮利用效率油菜花后营养器官氮素再转移和花后吸收氮素对于最终籽粒氮的贡献，进一步探明造成籽粒氮累积量差异的原因。

1.3.2.5 不同氮利用效率油菜花后根系特性分析

本研究拟在水培条件下，测定不同氮利用效率油菜品种开花之后

10d、20d、30d 和 40d 四个时期根系形态、根系氮代谢酶活性、根系氮素吸收动力学参数、根系硝酸盐转运蛋白基因表达量的动态变化，以及在沙培条件下，测定不同氮利用效率油菜品种花后 10d 和 30d 两个时期根系抗氧化酶活性变化，深入分析油菜花后根系性状对氮素吸收的影响。

1.3.3 技术路线

本研究的技术路线如图 1-3 所示。

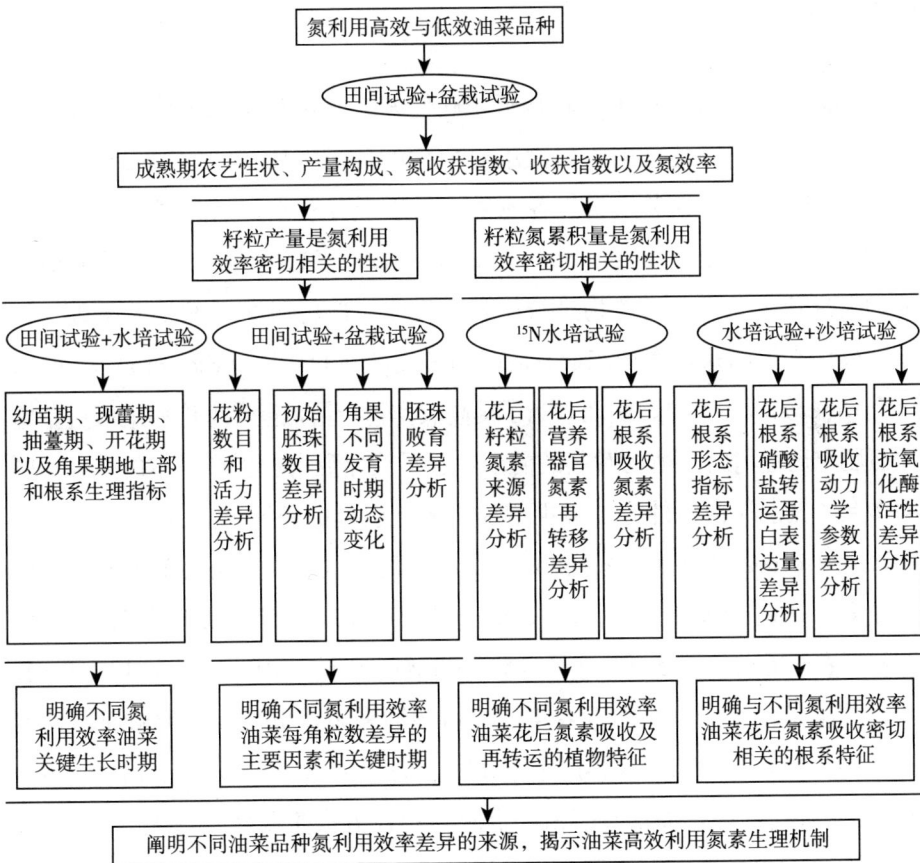

图 1-3 技术路线

第2章 油菜氮素利用效率差异分析 ///////

2.1 引言

2050 年的世界人口预计将接近 100 亿人，而相对应的作物产量也必须大幅提高，用以满足未来人口激增对粮食的需求（Raza et al.，2019；Stevens，2019）。由于现阶段世界各地耕地面积十分有限，因此提高单位面积作物产量就显得至关重要（Stahl et al.，2019）。氮是植物生长所需的最重要的大量营养元素，是植物进行生长、代谢、遗传所必需的物质基础，氮肥的施用在提高粮食作物产量方面起到了关键性的作用（Riar et al.，2013；Oldroyd et al.，2014）。然而，为了提高农作物产量，世界上许多地区过量施用氮肥，远远超出了植物对其的需求，这不仅导致农业生产成本的升高，同时多余的氮素滞留在外界环境也增加由氮肥引起的环境危害（Zhang et al.，2015；Albornoz，2016）。基于此，提高植物的氮效率［定义为单位土壤利用的氮素所对应的籽粒产量（Moll et al.，1982）］是既保证产量需求又满足环境友好型农业需求的一条有效途径（Van Bueren et al.，2017；Yu et al.，2019）。

油菜是仅次于大豆的世界第二大植物油来源，也是我国种植面积最大的油料作物，近些年在国际国内市场上的重要性日益提高（Ma et al.，2016）。研究发现，油菜对于氮的需求量排在五大主要作物（大米、小麦、玉米、油菜和大豆）中的第二位（Barlog et al.，2004），但是氮利用效率很低，大约是谷物的一半（Bouchet et al.，2016a）。油菜氮利用效率是一个间接的复杂性状，受自身遗传和环境因素的共同影响。因此，筛选出和油菜氮利用效率紧密相关而又简单的性状有助于更加快速地判断油菜氮利用效率。Stahl 等（2016）研究表明，田间条件下油菜成熟期茎秆含氮量和氮利用效率显著负相关。Guo 等（2019）通过田间和盆栽双重试验表明，油菜地上部氮累积量和氮利用效率不相关。而本项目小组通过前期田间和盆栽试验发现，油菜氮利用效率与氮收获指数（籽粒氮累积量与地上部氮累积量的比值）显著正相关（He et al.，2017）。

在本项目小组前期研究结果的基础上，本研究进行了一年的田间试验和一年的盆栽试验，测定 18 个油菜品种成熟期农艺性状、产量指标、氮收获指数、收获指数以及氮效率，进一步明确与油菜氮利用效率紧密相关的性状，为后期继续探索不同油菜品种氮利用效率差异的生理机制作铺垫。

2.2 材料和方法

2.2.1 田间试验

2.2.1.1 植物材料

本研究小组前期测试了 50 份不同的油菜基因型氮利用效率，并按照不同氮水平和氮利用效率将其分为四大类：高氮高效（高氮条件下氮利用高效品种）、高氮低效（高氮条件下氮利用低效品种）、低氮高效（低氮条件下氮利用高效品种）和 低氮低效（低氮条件下氮利用低效品种）。在本研究中，选取了 5 个高氮高效（编号 1～5）、5 个高氮低效（编号 6～10）、4 个低氮高效（编号 11～14）和 4 个低氮低效（编号 15～18）品种作为本次田间试验的研究对象（表 2-1）。

表 2-1 供试油菜品种、来源和生态型信息

氮水平和氮利用效率	编号	品种	来源	生态型
	1	6020-1	中国	半冬性
	2	71-8	中国	半冬性
高氮高效	3	Moneta	加拿大	春性
	4	鉴 72	中国	半冬性
	5	浙油 18	中国	半冬性

（续）

氮水平和氮利用效率	编号	品种	来源	生态型
	6	Wesbery-1	澳大利亚	春性
	7	28960	德国	冬性
高氮低效	8	Bridger	德国	冬性
	9	Sollux	德国	冬性
	10	H49	俄罗斯	冬性
	11	贵油 3 号	中国	半冬性
低氮高效	12	中双 10 号	中国	半冬性
	13	中双 9 号	中国	半冬性
	14	浙油 18	中国	半冬性
	15	77023	中国	半冬性
低氮低效	16	85-110	中国	半冬性
	17	中双 4 号	中国	半冬性
	18	Sollux	德国	冬性

2.2.1.2　试验设计

田间试验于 2016—2017 年在中国陕西省杨凌示范区（北纬 $34°26'$，东经 $108°3'$）进行。2016 年 12 月至 2017 年 1 月只有 0.8mm 和 1.7mm 的降水。试验地点土壤（0～20cm 层）pH 7.85，含 13.7g/kg 有机物、1.19g/kg 总氮、24.7mg/kg 有效氮、15.7mg/kg 有效磷以及 76.9mg/kg 有效钾。田间试验设计中，在高氮（150kg/hm²）小区种植 10 个高氮品种（5 个高氮高效和 5 个高氮低效品种），而 8 个低氮品种（4 个低氮高效和 4 个低氮低效品种）种植在低氮（0kg/hm²）小区。135kg/hm² 的 P_2O_5 和 150kg/hm² 的 K_2O 作为基肥施入，常规田间管理。本试验随机区组设计，重复 4 次。

2.2.2　盆栽试验

2.2.2.1　植物材料

植物材料同第 2 章 2.2.1.1。

2.2.2.2　试验设计

18 个不同氮利用效率油菜品种盆栽试验是在西北农林科技大学科研网室（34°18′N，108°5′E）进行的，土壤基本性质包括：pH7.02、7.48g/kg 有机物、0.72g/kg 总氮、21.4mg/kg 有效氮、7.6mg/kg 有效磷以及 73.1mg/kg 有效钾。盆栽试验设置两个氮水平：高氮（0.3g/kg 干土）和低氮（0.1g/kg 干土）。氮以尿素的形式施入，同时施用足够量的过磷酸钙（0.2g/kg 干土）和氯化钾（0.3g/kg 干土）。抽薹期灌施硼肥（1.0mg/kg 干土），盛花期喷施铁、锌肥。每个花盆放 9kg 风干土壤，每周灌一次水，由 4 个生物学重复组成。盆栽培养期间，每周调换花盆位置以避免受光照不一影响。

2.2.3　测定项目与方法

在成熟期，收获油菜地上部植株测定 18 个不同氮利用效率油菜品种的农艺性状：株高（主茎基部到主花序的顶端）、茎粗（主茎直径的测量点设置为距主茎底部 10cm 处）、第一节分枝高度（从主茎基部到主茎底部有效初生枝的高度）和第一节分枝数目（主茎上具有一个以上有效角果的分枝数目）。

产量构成：每角粒数（从油菜植物随机摘取 10 个正常角果，计算平均每个果荚饱满种子数目）、单株角果数（主花序、分枝花序和整株植物上有效荚的数量）和千粒重（称量 500 个完全发育的种子重量，然后将 500 粒种子的重量转换为 1 000 粒种子的重量）。

收获指数：收获指数（籽粒产量和地上部生物量的比值）、籽粒产量（每个油菜品种随机选取 4 株的种子平均干重）和地上部生物量。

氮收获指数：氮收获指数（籽粒氮累积量和地上部氮累积量的比值）、籽粒氮累积量（籽粒产量与含氮量的乘积）和地上部氮累积量（地上部生物量与含氮量的乘积）。

氮效率：氮效率（籽粒产量和施氮量的比值）、氮吸收效率（地上部氮累积量与施氮量的比值）和氮利用效率（籽粒产量和地上部氮素积累量的比值）。

2.2.4 数据分析

使用 SPSS 软件 17.0 版（SPSS，Chicago）对所有数据进行方差分析（ANOVA）。不同氮利用效率品种之间的差异采用最小显著差数法做多重比较（$P \leqslant 0.05$）。通过使用 Canoco 5.0 软件，进行主成分分析，以估计表型性状对 NUtE 的贡献。用 Microsoft Excel 2016 对植株性状和氮利用效率进行通径分析。所有图均是使用 Origin 9.0 软件和 Microsoft Excel 2016 绘制的。

2.3 结果

2.3.1 氮效率和产量构成差异分析

田间试验下，氮利用高效油菜品种氮效率和氮利用效率分别比低效品种高出 34% 和 39%；盆栽条件下，则分别高出 51% 和 36%（图 2 - 1 A 至 D，附表 1）。而对于氮吸收效率来说，除了在田间低氮条件下氮利用低效品种明显高于高效品种之外，不管在田间还是盆栽情况下，不同氮利用效率油菜之间差异都不显著（图 2 - 1 E、F）。

从田间和盆栽试验的产量构成可以看出，只有每角粒数不管是高氮还是低氮表现一致，氮利用高效品种每角粒数在田间和盆栽情况下分别比低效品种高出 35% 和 28%（图 2 - 2 C、D，附表 2）。而单株角果数和千粒重在不同条件下表现出不同结果，比如：在田间条件下，高氮高效和高氮低效单株角果数没有差异，然而低氮低效单株角果数高于低氮高效；在盆栽条件下，高氮高效和高氮低效品种千粒重没有差异，然而低氮高效千粒重显著高于低氮低效（图 2 - 2 A、B、E、F，附表 2）。

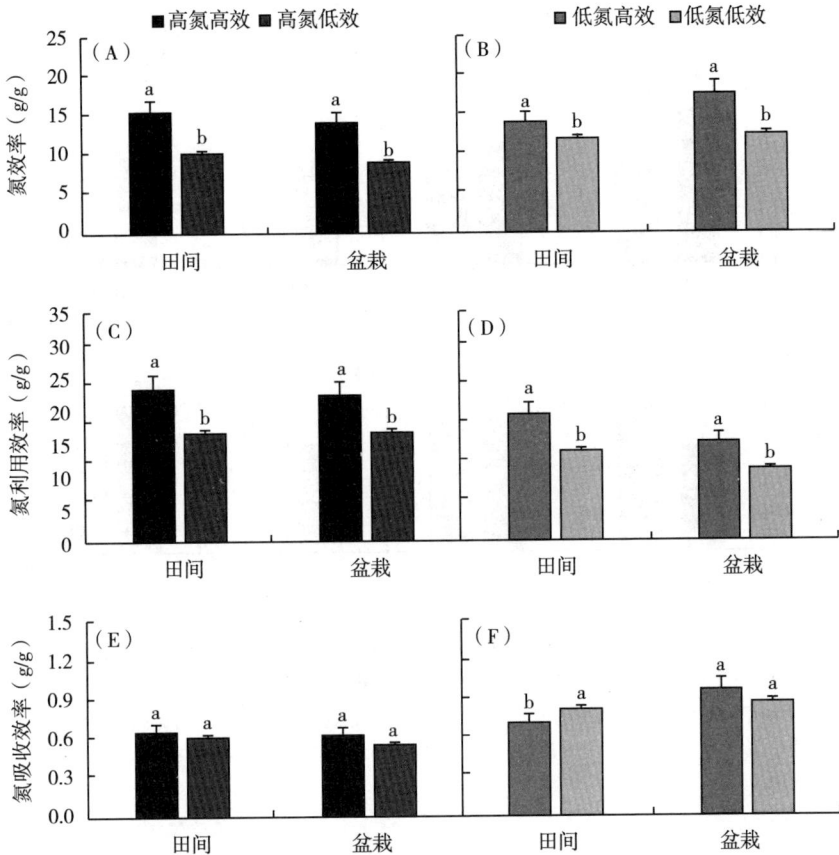

图 2-1　不同油菜品种成熟期氮效率（A、B）、
氮利用效率（C、D）和氮吸收效率（E、F）差异分析

注：图中的高氮高效、高氮低效、低氮高效和低氮低效分别表示 5 个高氮高效、5 个高氮低效、4 个低氮高效和 4 个低氮低效的均值（附表 1）。不同字母表示不同油菜品种之间存在显著差异（$P < 0.05$）。

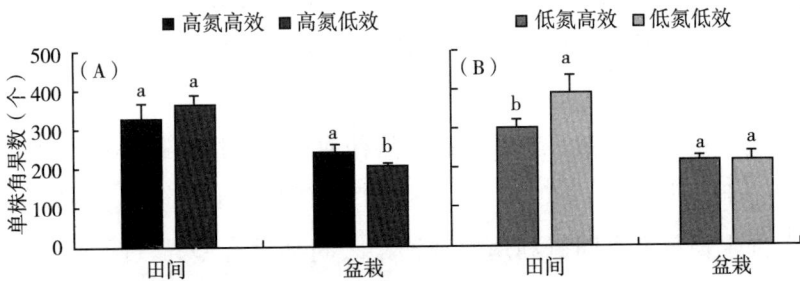

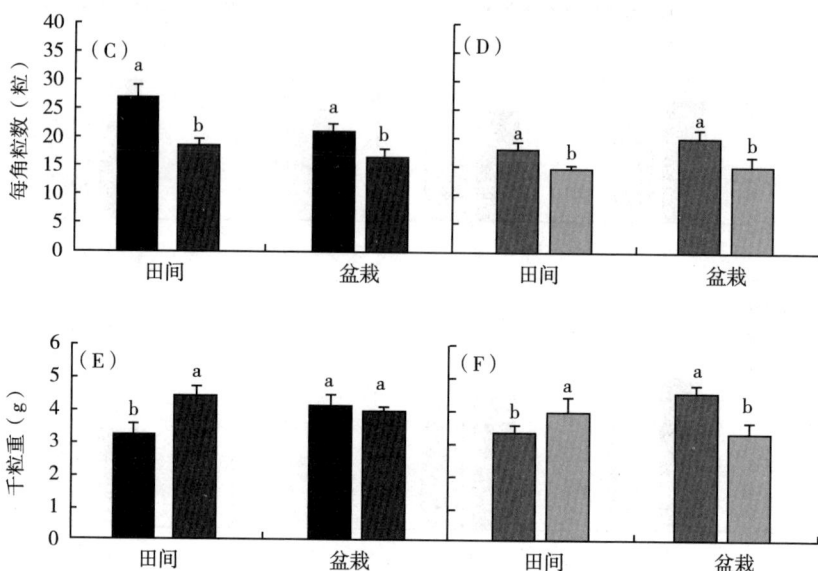

图 2-2　不同油菜品种成熟期单株角果数（A、B）、每角粒数（C、D）
和千粒重（E、F）差异分析

注：图中的高氮高效、高氮低效、低氮高效和低氮低效分别表示 5 个高氮高效、5 个高氮低效、4 个低氮高效和 4 个低氮低效的均值（附表 2）。不同字母表示不同油菜品种之间存在显著差异（$P < 0.05$）。

2.3.2　氮收获指数和收获指数差异分析

不管是在田间还是盆栽试验条件下，氮利用高效品种油菜氮收获指数和籽粒氮累积量都比低效品种分别高出 50%、34%、34% 和 27%（图 2-3 A 至 D，附表 3）。然而地上部氮累积量则不管是高氮还是低氮条件下在不同氮利用效率油菜之间都没有差异（图 2-3 E、F，附表 3）。

与氮收获指数类似，氮利用高效品种油菜收获指数和籽粒产量都比低效品种分别高出 40%、28%、41% 和 38%（图 2-4 A 至 D，附表 4）。然而地上部生物量在不同氮利用效率油菜之间都没有差异（图 2-4 E、F，附表 4）。

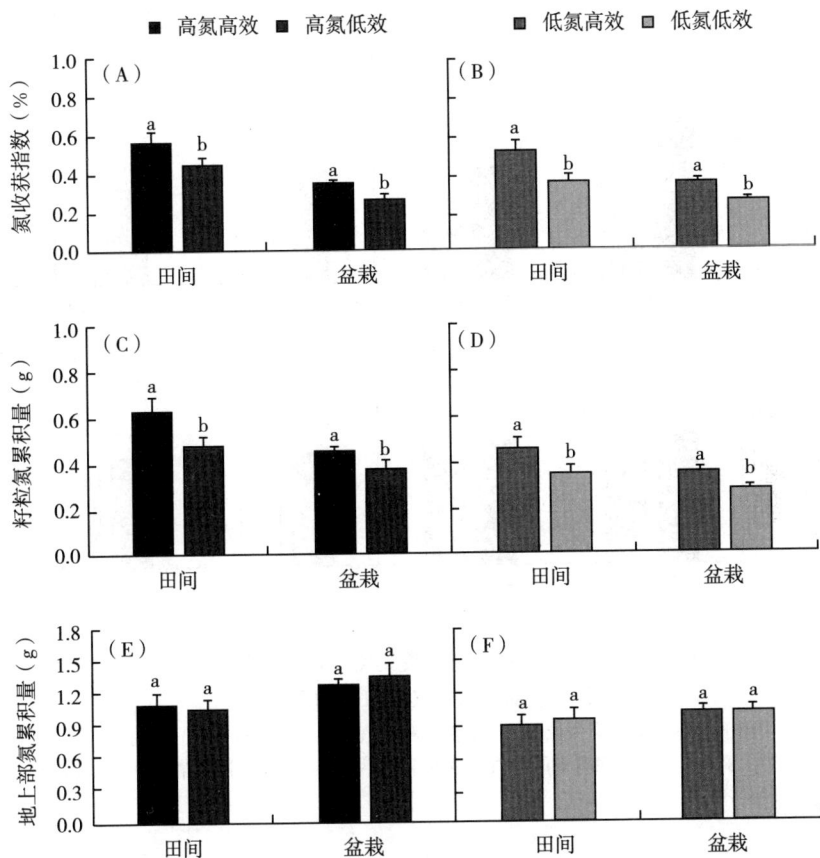

图 2-3　不同油菜品种氮收获指数（A、B）、籽粒氮累积量（C、D）
和地上部氮累积量（E、F）差异分析

注：图中的高氮高效、高氮低效、低氮高效和低氮低效分别表示 5 个高氮高效、5 个高氮低效、4 个低氮高效和 4 个低氮低效的均值（附表 3）。不同字母表示不同油菜品种之间存在显著差异（$P < 0.05$）。

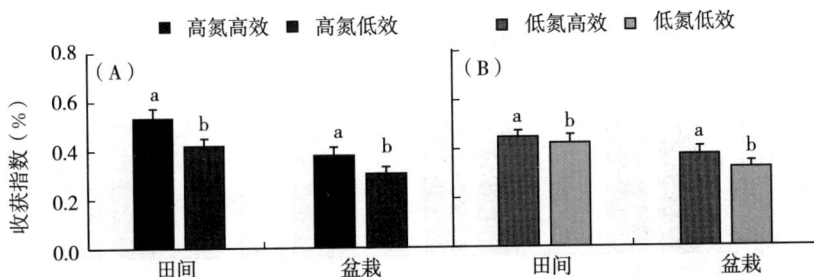

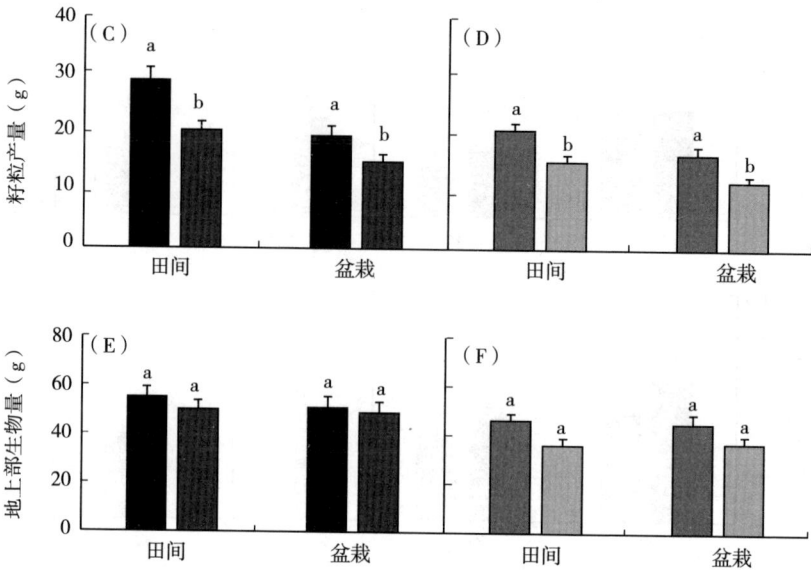

图 2-4 不同油菜品种收获指数（A、B）、籽粒产量（C、D）
和地上部生物量（E、F）差异分析

注：图中的高氮高效、高氮低效、低氮高效和低氮低效分别表示 5 个高氮高效、5 个高氮低效、4 个低氮高效和 4 个低氮低效的均值（附表 4）。不同字母表示不同油菜品种之间存在显著差异（$P < 0.05$）。

2.3.3　农艺性状差异分析

由田间和盆栽试验结果可以看出，不管是高氮还是低氮条件下，不同氮利用效率油菜之间株高、茎粗、第一节分枝高度和第一节分枝数目都没有显著差异（图 2-5 A 至 H，附表 5）。

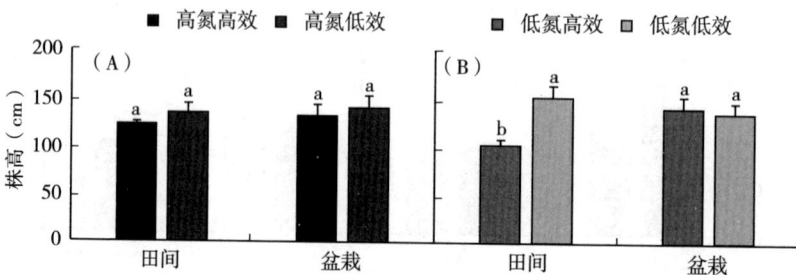

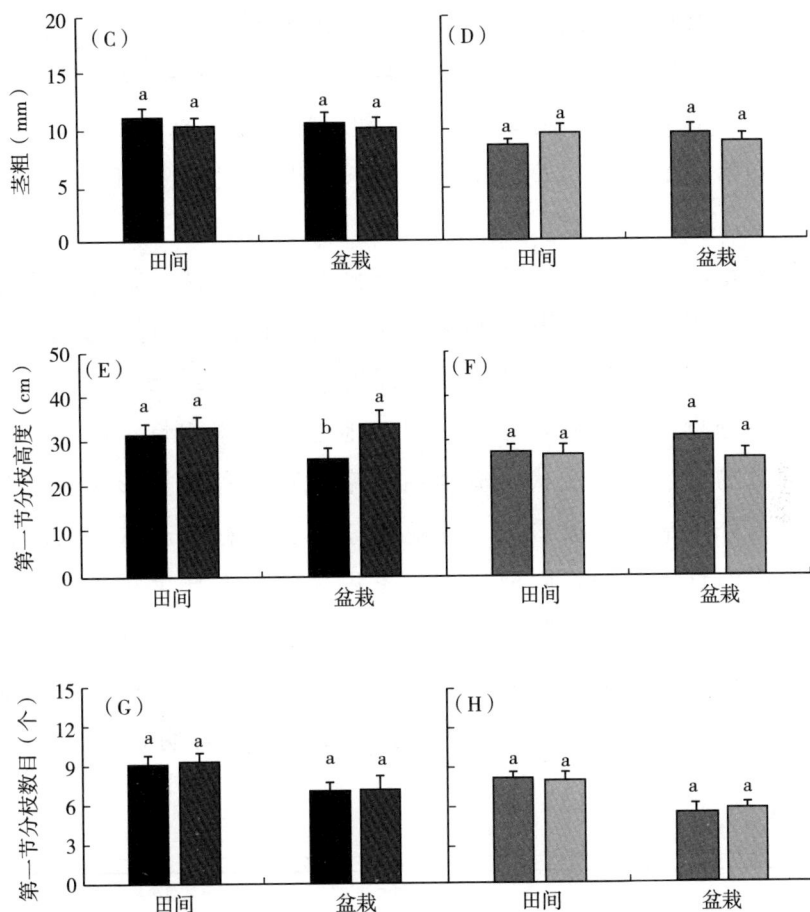

图 2-5　不同油菜品种株高（A、B）、茎粗（C、D）、第一节分枝高度（E、F）和
第一节分枝数目（G、H）差异分析

注：图中的高氮高效、高氮低效、低氮高效和低氮低效分别表示 5 个高氮高效、5 个高氮低效、4 个低氮高效和 4 个低氮低效的均值（附表 5）。不同字母表示不同油菜品种之间存在显著差异（$P < 0.05$）。

2.3.4　氮利用效率与性状之间相关性分析

用主成分分析性状和氮利用效率之间的相关性，发现第一、第二主成分解释了总变异的 80% 左右（高氮和低氮条件分别为 79.08% 和 76.43%）（图 2-6 A、B）。综合高氮和低氮条件可以发现，氮利用效率和茎粗、氮收获指数（籽粒氮累积量/地上部氮累积量）、收获指数（籽粒产量/地上部生物量）、每角粒数、籽粒氮累积量、籽粒产量、氮效率、地上部生物量呈显著正相关，和千粒重及单株角果数呈显著负相关，和第一节分枝高度、第一节分枝数目及地上部氮累积量没有关系。

基于此，本研究进一步用通径分析的方法确认与氮利用效率相关的性状。用于通径分析的性状有：氮利用效率、籽粒氮累积量、地上部氮累积量、籽粒产量和地上部生物量（图2-6 C、D）。通过通径系数分析，阐明籽粒氮累积量、地上部氮累积量、籽粒产量和地上部生物量这4个性状对氮利用效率的直接和间接影响及其相互关系。由分析结果可以看出，籽粒氮累积量和籽粒产量对氮利用效率有正向的直接影响，而地上部氮累积量和地上部生物量则对氮利用效率没有直接影响。除此之外，籽粒氮累积量通过籽粒产量、地上部氮累积量对氮利用效率有明显的间接正向影响，籽粒产量通过籽粒氮累积量、地上部氮累积量对氮利用效率有明显的间接正向影响。

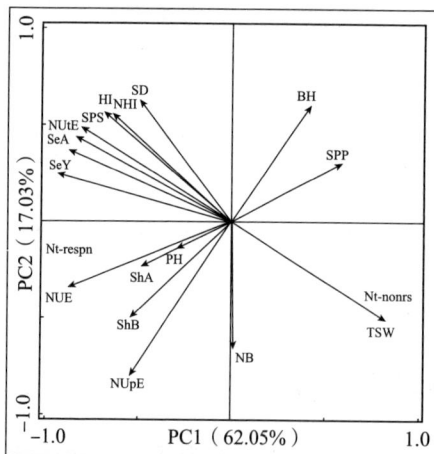

（A）

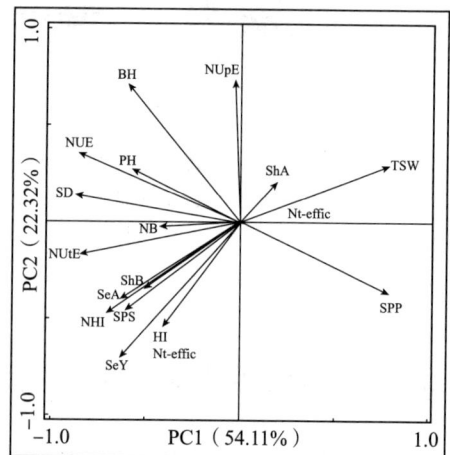

（B）

図 (C):

SeA ⇠ 0.05 ⇢ ShA
0.80　0.10
1.23　0.26　0.10
0.57　0.93　NUtE　0.03　0.79
1.10　0.02
0.23　0.28
SeY ⇠ 0.36 ⇢ ShB
0.50

R(Seed N accumulation(SeA),NUtE)=0.953**　R(Seed yield(SeY),NUtE)=0.830*
R(Shoot N accumulation(ShA),NUtE)=0.220 ns　R(Shoot biomass(ShB),NUtE)=0.356 ns

（C）

図 (D):

SeA ⇠ 0.05 ⇢ ShA
0.48　0.22
1.31　0.10　0.13
0.03　0.73　NUtE　0.16　0.43
1.39　0.30
0.16　0.34
SeY ⇠ 0.30 ⇢ ShB
0.05

R(Seed N accumulation(SeA),NUtE)=0.901*　R(Seed yield(SeY),NUtE)=0.913*
R(Shoot N accumulation(ShA),NUtE)=0.265 ns　R(Shoot biomass(ShB),NUtE)=0.338 ns

（D）

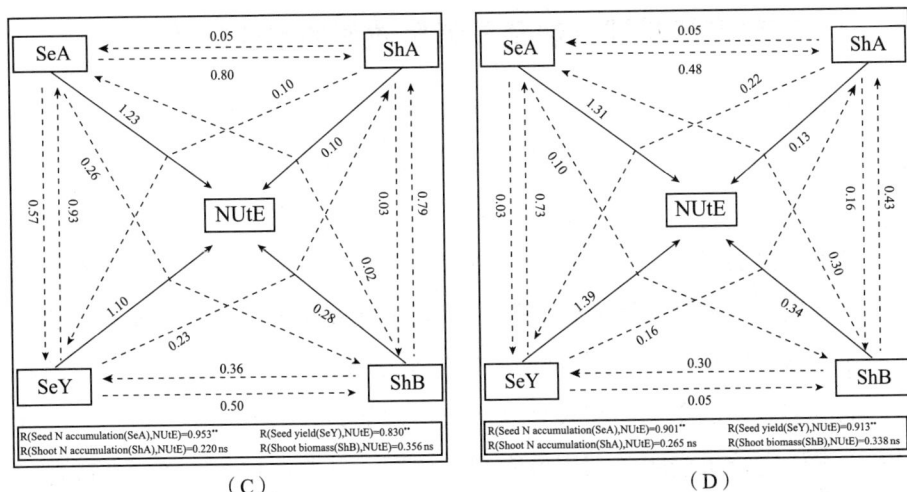

图 2 - 6　不同油菜品种主成分分析（A、B）以及籽粒氮累积量、地上部氮累积量、籽粒产量和地上部生物量氮利用效率贡献的通径分析（C、D）

注：Nt - respn，高氮高效；Nt - nonrs，高氮低效；Nt - effic，低氮高效；Nt - ineff，低氮低效；NUE，氮效率；NUtE，氮利用效率；NUpE，氮吸收效率；SPP，单株角果数；SPS，每角粒数；TSW，千粒重；HI，收获指数；SY，籽粒产量；SB，地上部生物量；NHI，氮收获指数；SeA，籽粒氮累积量；ShA，地上部氮累积量；PH，株高；SD，茎粗；BH，第一节分枝高度；NB，第一节分枝数目。

2.4　讨论

本研究发现，不同氮利用效率油菜氮效率和氮利用效率差异显著，而氮吸收效率在不同氮利用效率油菜间没有差异。本研究还发现，无论在低氮还是高氮条件下，氮利用高效品种展现出更高的氮效率、氮利用效率、氮收获指数和收获指数。而更高的氮收获指数是因为氮利用高效品种比低效品种拥有更高的籽粒氮累积量，因为地上部氮累积量在不同氮利用效率油菜之间差异是不显著的。对于收获指数而言，也是氮利用效率和籽粒产量显著正相关，和地上部生物量不相关。进一步探究发现，氮利用效率与籽粒氮累积量和籽粒产量相关性最高，而与地上部生物量和地上部氮累积量相关性最低。

2.4.1 籽粒产量是评价油菜氮利用效率的重要性状

与其他作物相比，油菜收获指数（籽粒产量／地上部生物量）更低，通常情况下为 0.28～0.34 kg/ kg，因为油菜对外界环境十分敏感（Ma et al.，2016；Koeslin - Findeklee et al.，2014）。He 等（2017）经过一年的田间和盆栽试验发现，油菜氮利用效率和收获指数显著正相关。在本研究中，氮利用高效品种油菜收获指数显著高于低效品种，这表明氮利用高效品种在植株成熟期氮同化物向籽粒中的分配率更高，进而产生更多的籽粒，把更多累积的干物质转移到经济植物的部分（Li et al.，2012）。与此同时，本研究结果表明氮利用效率和籽粒产量显著正相关，然而在产量三要素中只有每角粒数在不同品种油菜间差异显著（氮利用高效品种显著高于低效品种），单株角果数和千粒重在不同品种间差异不显著。此外，本研究小组前期发现，油菜氮利用效率和每角粒数显著正相关，与单株角果数和千粒重不相关（He et al.，2017）。基于此，油菜每角粒数可以作为评价氮利用效率的重要性状，提高油菜每角粒数对于最终提高油菜氮利用效率意义重大。通常来说，在籽粒生长发育过程中降低胚珠败育率［败育的胚珠数／初始胚珠数（Wang et al.，2011）］是最直接有效的方法（Mena - Ali et al.，2005）。有研究表明，不同氮利用效率油菜之间并未观察到初始胚珠数有显著差异（Li et al.，2015a；Yang et al.，2016），但是最终每角粒数在不同氮利用效率油菜间的差异很大（Yang et al.，2016）。胚珠败育发生在油菜角果成熟的不同发育阶段，并且受基因型和环境因素的共同作用（Calvino，2014）。Isoda 等（2010）研究表明，油菜花后角果光合作用的降低可能会增加胚珠败育的概率，从而导致减产。因此，保障油菜花后足够的光合作用可能是使最终每角粒数以及籽粒产量增加的一个很好的策略（Zhu et al.，2018）。

2.4.2 籽粒氮累积量是引起氮利用效率差异的重要原因

氮收获指数表示为籽粒氮累积量和地上部氮累积量的比值，并且氮收获指数可以作为评价植物有效地利用从土壤中获得的氮来积累籽粒氮的重要指标（Kakabouki et al.，2018）。该指数对于测量农作物中的氮分配非常有用，它表明了植物如何有效地将从外界获得的氮素用于地上部籽粒生产（Fageria，2014）。Coque 等（2007）研究表明，玉米氮收获指数与花后氮再转移极显著正相关，而与花后根系氮吸收没有关系。Hitz 等（2016）在小麦中的研究发现，氮收获指数不仅和成熟期地上部生物量显著正相关，同时也和氮利用效率极显著正相关。与此同时，Fageria（2014）和 Nyikako 等（2014）研究也发现，油菜氮收获指数和氮利用效率显著正相关，并且推测油菜氮利用效率与籽粒或者茎秆中的氮含量有关。本研究结果与前人研究一致，即油菜氮收获指数和氮利用效率显著正相关。进一步研究还发现，不同氮利用效率油菜地上部氮累积量之间没有差异，反而是氮利用高效品种籽粒氮累积量显著高于低效品种油菜。并且油菜氮利用效率和籽粒氮累积量显著正相关，和地上部氮累积量不相关。这表明，油菜籽粒氮累积量是引起不同氮利用效率油菜之间氮收获指数差异的主要原因（Ulas et al.，2013），进一步推测籽粒氮累积量的不同可能是引起不同氮利用效率油菜之间氮利用效率差异的主要原因。开花之前，根系从外界吸收的氮素储存在营养器官（根、茎和叶）中；在开花之后或者在籽粒发育叶片衰老过程中，之前储存的氮被重新转移到籽粒中（Gaju et al.，2014）。因此，籽粒含氮量在很大程度上既受开花后根系对氮素直接吸收的影响，又受开花前储存氮素之后的再转移的影响。因此，精确区分花后营养器官氮素再转移和花后氮素吸收对于籽粒氮的贡献，有利于为最终揭示油菜高效利用氮素、选育氮高效作物新品种提供理论依据。

2.5　小结

氮利用高效油菜在成熟期有更高的籽粒产量和籽粒氮累积量，从而有更高的收获指数和氮收获指数，最终表现为更高的氮利用效率。本研究为后期的油菜氮利用效率探索提供两个思路：①提高油菜籽粒产量可以考虑从降低油菜胚珠败育率角度，提高油菜每角粒数，进而提高籽粒产量，最终提高氮利用效率。②油菜籽粒氮素主要来自两个部分，即营养器官氮转移以及花后根系氮直接吸收。进一步精确研究两个来源对籽粒氮的贡献有助于为最终揭示油菜高效利用氮素提供科学依据。

第3章 氮利用高效型油菜关键生长期分析 ///////////////////////////

3.1 引言

油菜是世界范围内重要的油料作物，其籽粒提取的植物油可供人类食用，剩下残渣也可作为动物饲料（Wagner et al.，2018；Ma et al.，2017）。前人研究发现，与谷物相比，三种主要的油菜（冬季、春季和半冬季类型）在生长前期都需要大量的氮素，然而在成熟时又经常会出现氮过剩的现象（Stahl et al.，2019；Rathke et al.，2006）。研究表明，超过一半的施用的氮并没有被植物吸收，反而通过滞留土壤、下浸到地下水或以气体的形式浪费而污染环境（Barlog et al.，2004；Bouchet et al.，2016a）。Sylvester-Bradley 等（2009）比较了 21 种英国主要农作物的氮效率及其影响因素，发现造成不同氮利用效率油菜氮效率排名较后的主要原因是氮利用效率太低。Stahl 等（2019）也研究发现，在田间条件下，油菜氮效率与氮利用效率的相关性比其与氮吸收效率的相关性更高，推测可以通过改善油菜氮利用效率最终提高氮效率。基于此，研究重点集中在油菜氮利用效率的生理机制将有助于最终提高氮效率。

本研究团队前期发现，和高氮利用高效品种油菜相比，低效品种在营养生长阶段表现出更强的生长特性（Guo et al.，2019）。其他研究者在小麦（Tian et al.，2015）、水稻（Fan et al.，2007）和玉米（Eghball et al.，2008）上也有类似的发现。此外，也有研究表明，氮利用高效油菜品种在营养阶段生理特性低于低效品种，但在籽粒充实期的各项指标明显高于低效基因型（Ulas et al.，2013；Svecnjak et al.，2006）。因此，在油菜种植过程中，从幼苗期到角果期存在一个氮利用高效品种油菜生长特性关键转变期，并且育种者可以充分利用这一时期的相关结果选择高产量和高氮利用效率的油菜品种。Kirkegaard 等（2018）进行田间试验，发现开花期是田间双低油菜产量构成的关键时期。Riar 等（2017）、Riar 等（2020）也强调了开花期是油菜水与氮的相互作用关键时期，在这个时期前后建立强大的氮吸收能力有助于提高油菜籽粒产量。

本研究假设，在氮利用高效品种油菜整个生长周期存在一个关键的生长转变期，在这个时期高效品种表现出更强的生长特性。为了验证这一假设，本研究进行了一年的田间试验和一年的水培试验，测定不同氮利用效率油菜幼苗期、现蕾期、抽薹期、盛花期和成熟期地上部和根系生理特性，以确定氮利用高效品种油菜关键的生长期，作为判断油菜高产高氮效的重要性状。

3.2　材料和方法

3.2.1　田间试验

3.2.1.1　植物材料

植物材料同第 2 章 2.2.1.1。

3.2.1.2　试验设计

试验设计同第 2 章 2.2.1.2。研究内容为：分别于油菜幼苗期（BBCH 15）、现蕾期（BBCH 35）、抽薹期（BBCH 50）、盛花期（BBCH 65）和角果期（BBCH 75）（Lancashire et al.，1991），测定不同氮利用效率油菜地上部生理特性的变化。

3.2.1.3　测定项目与方法

叶绿素含量：用叶绿素仪（SPAD‐502，Konika Minolta Sensing Inc.，Japan）在上午 8：30 至 9：30 对每个品种随机选取的 6 株长势一致植株的顶部完全展开叶片进行叶绿素含量的测定。每一株选择的叶片不同方位重复测定 4 次，并最终取其平均值。

光合参数：在上午 10：30 至 11：30 使用 Li－6400 便携式光合作用系统（LI－COR，Lincoln，NE，USA）测定同一植株同一叶片位置的净光合速率、气孔导度和蒸腾速率。流速设置为 500 $\mu mol/s$，光合光子通量密度为 1 000 $\mu mol \cdot m^{-2} \cdot s^{-1}$，相对湿度为 65%，$CO_2$ 浓度为 0.04%。

氮代谢酶活性：从 18 个不同氮利用效率油菜中选取代表性的叶片摘下立即放入液氮，根据 Xu 等（2015）、Husted 等（2002）、Shah 等（2017）和 Gupta 等（2012）的方法，测定 5 个不同的生长阶段硝酸还原酶（NR）、谷氨酰胺合成酶（GS）、谷氨酸合成酶（GOGAT）和谷氨酸脱氢酶（GDH）4 种酶活性。

地上部生物量：将地上部植株从基部切断装入网袋，并带回实验室置于 105℃ 的烘箱中 30min。再在 70℃ 温度下干燥至恒重，然后在天平上计算生物量和植物生长率［连续两个阶段的地上干物质总量之差除以两个阶段之间经过的天数（Ma et al.，1998）］。

地上部含氮量：将烘干的地上部样品用粉样机粉碎过筛，用 $H_2SO_4 － H_2O_2$ 奈氏比色法测定其含氮量（Kjeldahl method）。

3.2.2　水培试验

3.2.2.1　植物材料

在水培试验中，选取了 4 个具有代表性的油菜品种，即浙油 18（高氮高效，编号 5）、H49（高氮低效，编号 10）、贵油 3 号（低氮高效，编号 14）和 Sollux（低氮低效，编号 18）（表 2－1）。

3.2.2.2　试验设计

大小一致的油菜种子用 1% 次氯酸钠溶液浸泡消毒 10min，然后用蒸馏水冲洗 4 次，最后放在铺有双层湿滤纸的培养皿中发芽。与此同时，准备足够多的黑色塑料盒（长 40cm×宽 30cm×高 20cm）以及能够覆盖塑料盒带有 4 孔的泡沫板。一周后，将长势均匀的幼苗移植到黑色塑料盒中，每盒 4 株。将 4 种不同基因型油菜幼苗分为两组，分别给予不同的氮处理（浙油 18 和 H49 用于高氮，贵油 3 号和 Sollux 用于低氮），设置 4 次生物学重复。所有的油菜幼苗均在蒸馏水中培养一周，第二周换成 1/4 浓度的改良版 Hoagland 营养液进行培养，第三周将营养液换成 1/2 浓度。之后，所有植物都换成完全营养液直至角果期。改良版 Hoagland 营养液含以下组分：10 mmol/L（高氮）或 1 mmol/L（低氮）KNO_3、0.04 mmol/L KH_2PO_4、0.015 mmol/L K_2HPO_4、0.63 mmol/L KCl、1 mmol/L K_2SO_4、0.5 mmol/L $MgSO_4$、3 mmol/L $CaCl_2$、0.2 mmol/L Fe - Na EDTA、14 μmol/L H_3BO_3、3 μmol/L $ZnSO_4$、5 μmol/L $MnSO_4$、0.7 μmol/L $CuSO_4$、0.7 μmol/L $(NH_4)_6Mo_7O_{24}$、0.1 μmol/L $CoCl_2$（Guo et al.，2019）。培养期间，每周换一次营养液，并且调换塑料盒以避免位置影响。温室的环境条件为日夜平均温度为 25℃/15℃，相对湿度为 65%，光强度为 400 μmol · m^{-2} · s^{-1}，光照时间为 12 h。

水培试验的研究内容也是在幼苗期、现蕾期、抽薹期、盛花期和角果期采集不同氮利用效率油菜根系样品。在每个采样阶段，分别测定 4 个品种油菜根系形态、根系氮代谢酶活性、根系氮吸收动力学参数以及根系生物量和含氮量。

3.2.2.3 测定项目与方法

根系形态：把不同时期的 4 个品种油菜根系从营养液中取出，用蒸馏水清洗后分为地上部和根系，并使用根系图像扫描仪和 WinRHIZO Pro 软件（Regent Instruments Inc.，Quebec，QC，Canada）分析根系形态。之后，将地上部和根系样品放于烘箱烘干，测定生物量，最后研磨用 Kjeldahl 法测定含氮量。

根系氮代谢酶活性：取出植株，用清水洗净根系，吸干水分后立即在液氮中研磨，并测定根系 NR、GS、GOGAT 和 GDH 酶活性（同 2.2.1.3）以及根活力（Arifuzzaman et al.，2016）。

根系氮吸收动力学参数：首先配置浓度分别为 0、0.25、0.50、0.75、1.00、1.25 mmol/L 的 6 个不同浓度的硝酸盐溶液。然后，分别选择 4 种基因型的 6 株长势均一的植株，清洗根部并吸干水分后将其培养在无氮生长培养基中黑暗培养 24h。之后取出，吸干培养液后立即放入不同浓度的硝酸盐溶液培养 24h。最后，取出测定植物鲜重。根据溶液中氮的消耗来估算植物对 NO_3^- 的吸收（Hajari et al.，2014）。通过改进 Michaelis - Menten 模型来估算 V_{max} 和 K_m：$V = V_{max} C / (K_m + C)$。其中 $V =$ 吸收速率，$V_{max} =$ 最大离子吸收速率，$C =$ 离子浓度，$V_{max} =$ Michaelis - Menten 常数（定义为达到 V_{max} 的 50% 所需的浓度）。

3.2.3 数据分析

使用 SPSS 软件 17.0 版（SPSS，Chicago）对所有数据进行方差分析（ANOVA）。不同氮利用效率品种之间的差异采用最小显著差数法做多重比较（$P \leqslant 0.05$）。所有这些图都是使用 Origin 9.0 软件和 Microsoft Excel 2016 绘制的。

3.3 结果

3.3.1 不同生长期地上部生理特性差异分析

从幼苗期到抽薹期，氮利用低效品种地上部生物量、地上部含氮量、净光合速率、蒸腾速率、谷氨酰胺合成酶、谷氨酸合成酶和谷氨酸脱氢酶比氮利用高效品种分别高出 16.0%、20.4%、13.1%、25.9%、18.4%、16.7% 和 12.0%。然而，关键的生长转变期发生在盛花期，在此阶段，大多数表型性状展现出相反的生长趋势，即氮利用高效品种生长指标开始表现出高于低效品种的趋势，并且这种趋势一直持续到角果期。比如：盛花期之后，氮利用高效品种地上部生物量、地上部含氮量、净光合速率、蒸腾速率、谷氨酰胺合成酶、谷氨酸合成酶和谷氨酸脱氢酶比低效品种高出 16.0%、20.4%、52.2%、15.0%、29.1%、43.8% 和 37.1%（图 3-1 至图 3-3，附表 6 至附表 17）。

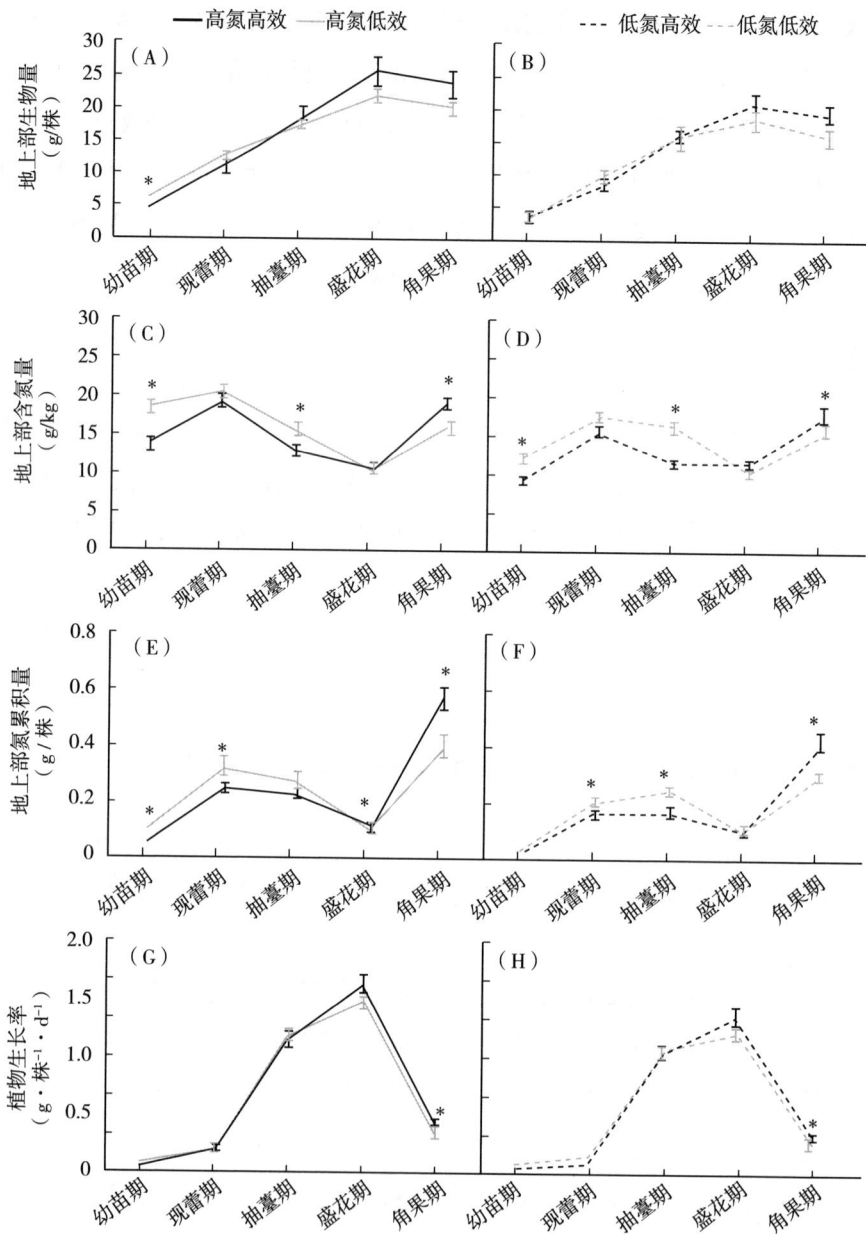

图 3-1　不同油菜品种幼苗期、现蕾期、抽薹期、盛花期、角果期地上部生物量（A、
　　　B）、含氮量（C、D）、氮累积量（E、F）和植物生长率（G、H）差异分析

　　注：图中的高氮高效、高氮低效、低氮高效和低氮低效分别表示 5 个高氮高效、5 个高氮低效、4 个低氮高效和 4 个低氮低效的均值（附表 6 至附表 9）。折线图上面星号表示不同油菜品种之间存在显著差异（P＜0.05）。

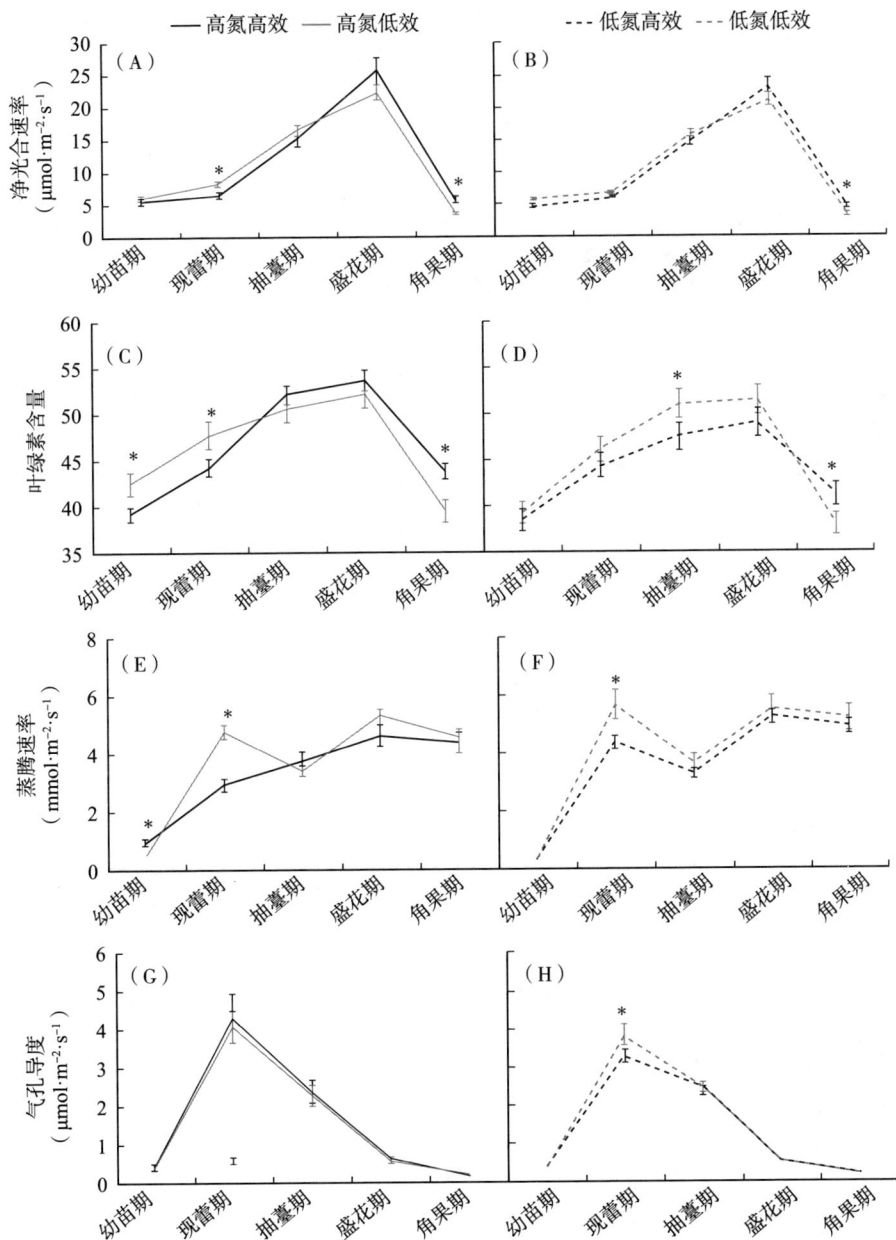

图 3-2　不同氮利用效率油菜品种幼苗期、现蕾期、抽薹期、盛花期、角果期叶片净光合速率
（A、B）、叶绿素含量（C、D）、蒸腾速率（E、F）和气孔导度（G、H）差异分析

　　注：图中的高氮高效、高氮低效、低氮高效和低氮低效分别表示 5 个高氮高效、5 个高氮低效、4
个低氮高效和 4 个低氮低效的均值（附表 10 至附表 13）。折线图上面星号表示不同油菜品种之间存在
显著差异（P＜0.05）。

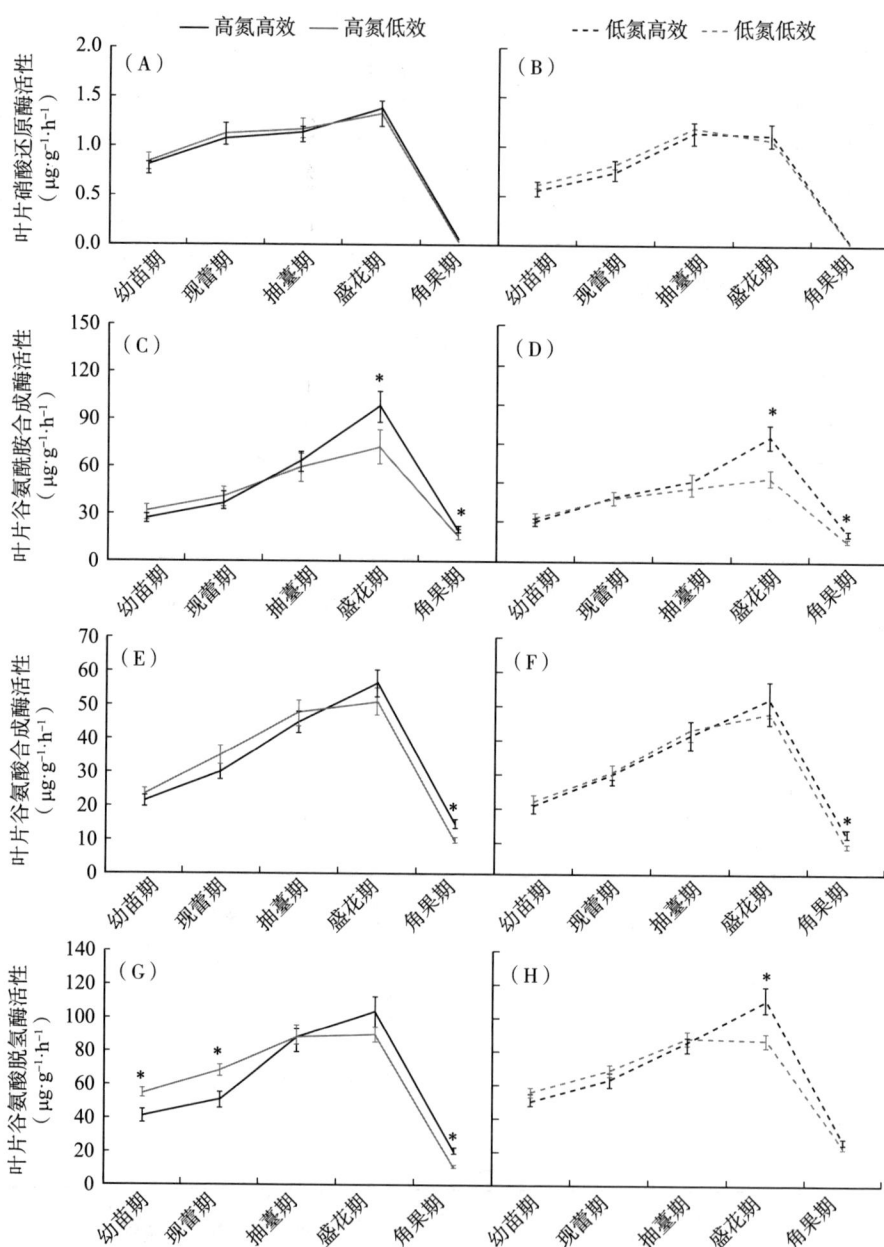

图 3-3 不同氮利用效率油菜品种幼苗期、现蕾期、抽薹期、盛花期、角果期叶片硝酸
还原酶（A、B）、谷氨酰胺合成酶（C、D）、谷氨酸合成酶（E、F）和谷氨酸
脱氢酶（G、H）活性差异分析

注：图中的高氮高效、高氮低效、低氮高效和低氮低效分别表示5个高氮高效、5个高氮低效、4
个低氮高效和4个低氮低效的均值（附表14至附表17）。折线图上面星号表示不同油菜品种之间存在
显著差异（$P<0.05$）。

3.3.2　不同生长期根系生理差异分析

在油菜生长的 5 个不同时期，不同氮利用效率油菜之间根系形态学差异明显（图 3-4、附图 1）。从苗期到抽薹期，氮利用低效品种的根系形态高于氮利用高效品种。然而，氮利用高效品种根系形态在盛花期比氮利用低效品种总根长增加 10.5%（图 3-4 E、F），根体积增加 25.7%（图 3-4 G、H），根表面积增加 15.0%（图 3-4 I、J），总投影面积增加 88.1%（附图 1 A、B），根尖数增加 21.8%（附图 1 C、D），平均根系直径增加 216.9%（附图 1 E、F）。此后，直到角果期，氮利用高效品种根系形态仍明显高于氮利用低效品种。

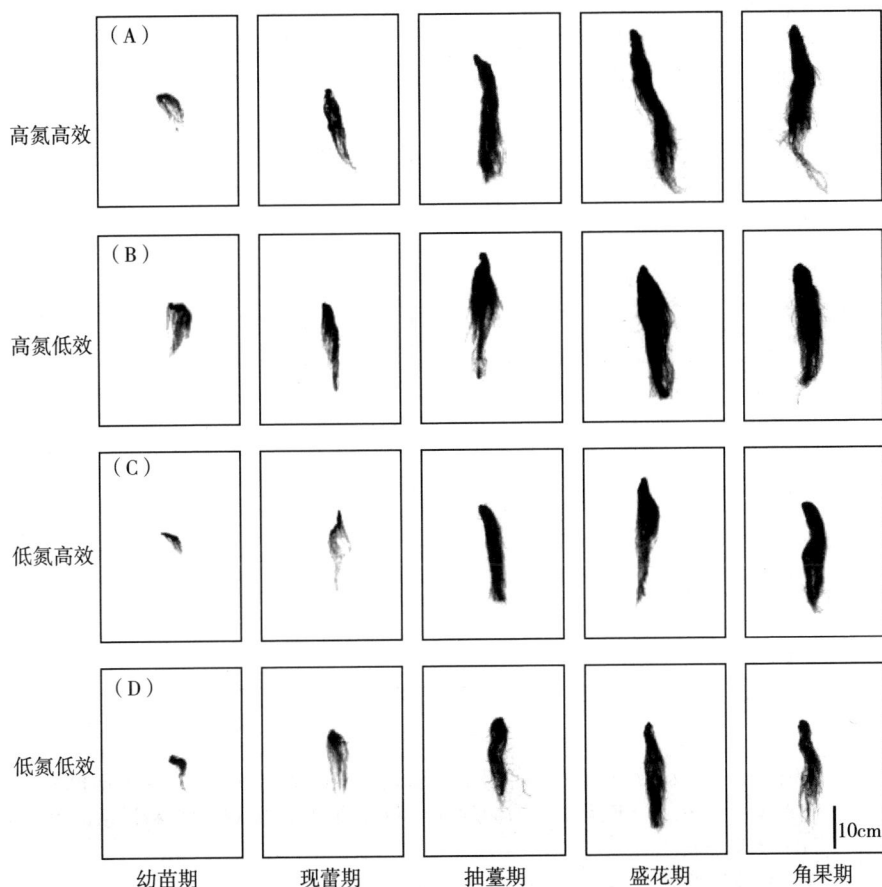

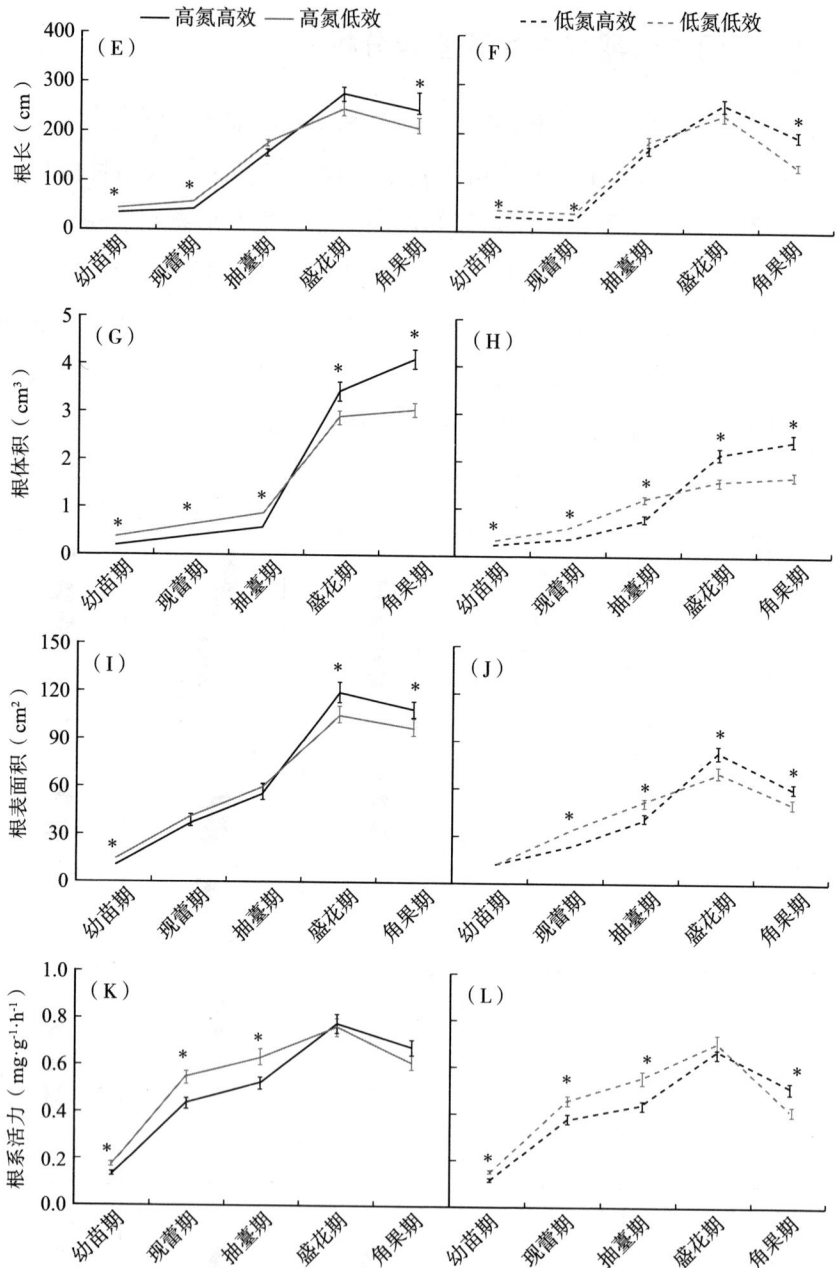

图 3-4　不同氮利用效率油菜品种幼苗期、现蕾期、抽薹期、盛花期、角果期根系形态（A 至 D）、根长（E、F）、根体积（G、H）、根表面积（I、J）和根系活力（K、L）差异分析

注：折线图上面星号表示不同油菜品种之间存在显著差异（$P < 0.05$）。

　　水培条件下，氮利用低效品种的根系生理指标高于高效品种，一直持续到抽薹期。在盛花期，氮利用高效品种根系生物量、根系含氮量、GS活性和 GOGAT 活性分别比氮利用低效品种高出 12.4%、13.5%、16.4% 和 17.3%。此外，氮利用高效品种油菜 V_{max} 更高，而 K_m 更低。研究结果发现，盛花期是氮利用高效油菜关键生长时期。在该时期，不同氮利用效率油菜之间的根系生理特性出现了逆向趋势，并且这种趋势一直从开花期延续到角果期（图 3-5 至图 3-7）。

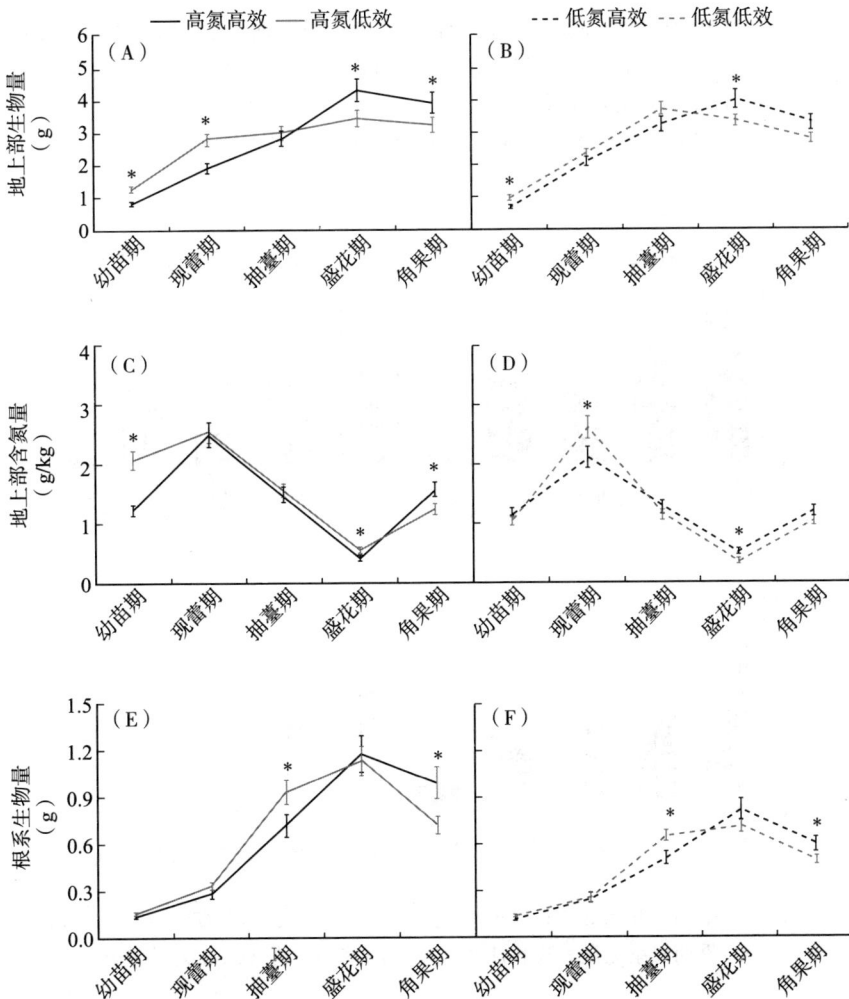

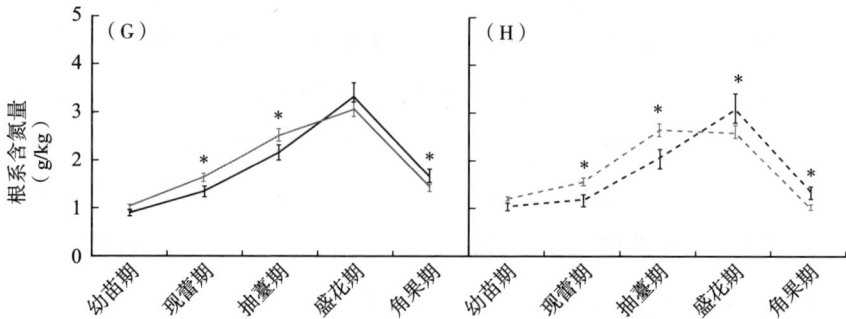

图 3-5　不同氮利用效率油菜品种幼苗期、现蕾期、抽薹期、盛花期、角果期地上部
　　　　生物量（A、B）、地上部含氮量（C、D）、根系生物量（E、F）和根系含氮
　　　　量（G、H）差异分析

注：折线图上面星号表示不同油菜品种之间存在显著差异（$P < 0.05$）。

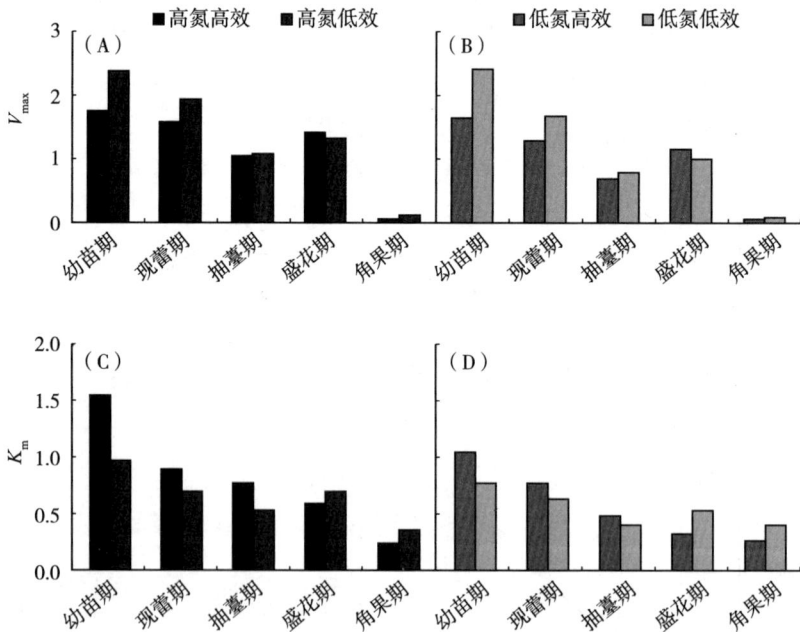

图 3-6　不同氮利用效率油菜品种幼苗期、现蕾期、抽薹期、盛花期、角
　　　　果期根系氮最大吸收速率（A、B）和 K_m 值（C、D）差异分析

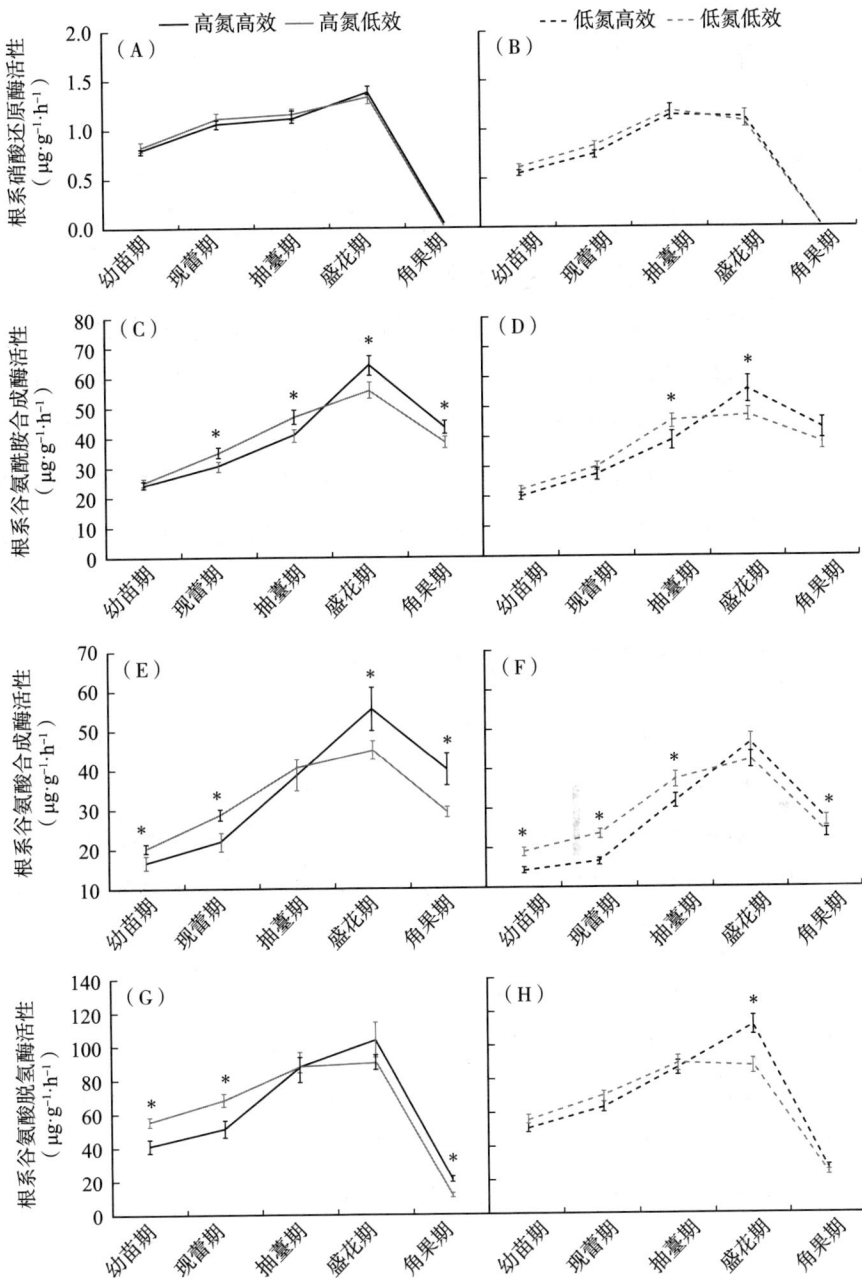

图 3-7　不同氮利用效率油菜品种幼苗期、现蕾期、抽薹期、盛花期、角果期根
　　　　系硝酸还原酶（A、B）、谷氨酰胺合成酶（C、D）、谷氨酸合成酶（E、
　　　　F）和谷氨酸脱氢酶（G、H）活性的差异分析

注：折线图上面星号表示不同油菜品种之间存在显著差异（$P < 0.05$）。

3.4　讨论

田间和水培试验结果表明，氮利用高效和低效品种地上部和根系生理特性在盛花期发生改变：盛花期之前，氮利用低效油菜表现出更强的生长趋势，而盛花期之后则是氮利用高效品种表现出更高的生长活性。具体而言，与氮利用低效品种相比，盛花期后氮利用高效品种表现出更高的根系形态特性，同时根系 GS 和 GOGAT 活性更高，氮吸收动力学参数更高，从而有更高的地上部和根系生物量以及含氮量。综合根系和地上部指标来看，氮利用高效品种在盛花期之后表现出更强的生长趋势，能够从外界吸收更多的氮素供给到发育中的角果，最终产生更高的籽粒产量和氮利用效率。

3.4.1　盛花期是氮利用高效品种生长转变期

植物开花是从营养生长阶段到生殖生长阶段的重要特征，同时也是整个生命周期中植物生长发育的关键阶段，选择在适当的时间开花可帮助植物成熟并繁殖种子（Cai et al.，2018）。本研究表明，氮利用高效品种油菜在盛花期具有更强的生长特性，其调控机制可以从两个方面进行解释。一方面，从根系角度来看，NR（Pozuelo et al.，2001）、GOGAT（Simons et al.，2014）、GS（Araus et al.，2016）和 GDH（Cormier et al.，2016）已经被证实在氮代谢中的重要作用，尤其是在氮素初级同化中发挥关键作用。水培试验中，氮利用高效品种根系氮代谢酶活性在盛花期之后比氮利用低效品种更高，表明氮利用高效品种有更强的花后氮吸收能力，吸收更多的氮素供地上部的生长以及籽粒的发育（York et al.，2016；Santiago‐Arenas et al.，2019；Guo et al.，2019）。另一方面，植物根部吸收硝酸盐的速率很大程度上取决于硝酸盐吸收动力学，该动力学决定了硝酸盐的流入量，并且氮吸收动力学参数已被认为是植物吸收硝酸盐的可靠性状（Hao et al.，2014；York et al.，2016）。从水培结果可以发现，氮利用高效品种于盛花期后有更高的氮吸收动力学参数，这表明氮利用高效品种具有更强的硝酸盐吸收潜力，以支持根系和地上部生长。评价氮素吸收的另一个重要指标是根系结构，因为它在植物整个生长季节对干物质的积累和转运有很大的影响（Liu et al.，2018；Santiago-Arenas et al.，2019）。Coque 等（2008）研究发现，增加根系外界氮素的吸收最简单有效的途径就是培养出更为广泛的根系并且保持充足的活力。本研究结果表明，氮利用高效品种的根系生理特性更高于氮利用低效品种，表明氮利用高效品种有更高氮吸收的活性，从而从盛花期到角果期为植物生长积累了更多的氮（York et al.，2016）。从地上部角度来看，生物量积累和持续的光合作用是产量增加的主要生理决定因素（Ma et al.，2014）。Fan 等（2007）研究表明，水稻生物量的不同可能引起最终氮利用效率的差异。Cormier 等（2016）提出，对于氮利用高效植物而言，光合产量是最直接的决定因素，因为氮利用效率与整个植物生命周期的光合活性直接相关。田间试验表明，盛花期之后氮利用高效品种 SPAD 值和净光合速率明显高于低效品种，从而有更多的生物量累积，产生更高的籽粒产量，最终有更高的氮利用效率。此外，延长叶片的持绿时间以提供更高的光合活性，提高籽粒产量，进而提高氮利用效率，同时也能在种子充实期间更好地维持氮素的吸收和供应的平衡（Garnett et al.，2015b）。氮利用高效品种在花后吸收氮方面表现出优势，并且其光合参数均高于低效品种。这说明氮利用高效品种可能通过延缓叶片衰老或更好地保持叶片的持绿特性，从而更好地吸收养分，在开花后保持源和库之间的供需平衡（Van Bueren et al.，2017）。同时，氮利用高效品种花后地上部含氮量和氮累积量也高于低效品种，使得氮利用高效品种有更多的光合产物，因为叶片的光合作用与叶片中的氮含量呈极显著正相关，并且受叶片中氮含量的影响（Tian et al.，2016）。有研究表明小麦叶片 GS 和 GOGAT 活性与籽粒产量和氮效率呈正相关，这对培育氮素利用效率高的品种和保持产量潜力具有重要意义（Swarbreck et al.，2011）。从田间研究结果可以发现，氮利用高效品种叶片 GS 和 GOGAT 在盛花期后比氮利用低效品种的活性更高，这为改善氮素同化和提高植物产量提供了动力。

3.4.2　氮利用高效品种适应环境的生存策略

不管是高等还是低等植物通常都会进化出适合自己的生存策略，用以在空间和时间变化的复杂环境中存活和生长（Anderson et al.，2014；Dolferus，2014）。不足为奇的是，不利的环境条件，如矿质营养缺乏或者过量、温度太高或者太低、光照不足以及水分胁迫都给实现植物高产带来严峻的挑战（Abid et al.，2016；Ghate et al.，2017；Byun et al.，2018；Gu et al.，2017）。随着时间的推移，多数植物已经进化出相应的适应策略，在多种多样的环境条件下保持了对外界各种资源的充分适应性（Ehrlen，2015；Van Loon，2016）。小麦光周期敏感品种可能积累更多的生物量，有助于提高产量（Song et al.，2015b；Lanning et al.，2012）。Gomez 等（2011）发现，少数油菜通过增加生殖期的长度，减少营养期的持续时间来提高产量。综合田间和水培试验结果表明，不同氮利用效率油菜生长特性在盛花期展现出相反的趋势：氮利用高效品种表现出更强的生长活力，以更好地适应环境和利用资源，最终获得更高的产量和氮利用效率。产量的形成是地上部干物质（源）和光合产物向可收获籽粒（库）的转运之间合作的结果，同时也是库强度对源活性（产生同化物）反馈的结果（Smith et al.，2018）。本研究发现，与氮利用低效品种相比，高效品种不仅具有更高的氮利用效率，还具备更高的籽粒产量。因此，氮利用高效品种可能是由于花期后对土壤氮的吸收更强，从而有较高的源强度（即地上部生物量和叶片光合作用）。从悠久的进化历史来看，当植物生长所需的资源受到限制时，就会发生不同植物间或是不同氮利用效率油菜间竞争，争取获得更多外界资源用以产生繁殖的种子（Aschehoug et al.，2016；Damgaard et al.，2017）。本研究小组前期通过一年的田间和一年的盆栽试验，从 50 份不同氮利用效率油菜中筛选出氮利用高效和低效品种，并且发现氮利用高效品种展现出更高的产量和氮利用效率（He et al.，2017）。因此，氮利用高效品种油菜也就作为理想育种材料。在本研究中，理想型油菜材料——氮利用高效品种通过一个有效的生存策略来赢得与氮利用低效品种的竞争，即在营养生长期表现出较弱的生长特性，但是在生殖生长期具有较高的生长活性。Wang 等（2011）研究表明，籽粒形成的关键阶段是开花期，而角果的生长是同化物和营养物质竞争的结果。基于此，为了在外部多变环境中赢得竞争，氮利用高效品种似乎已经制定出从盛花期之后充分展现生长活力的策略，从而从外界充分吸收养分填充到发育中的种子，产生更多的籽粒产量，最终提高氮利用效率。

3.5　小结

盛花期是氮利用高效和低效品种生长关键转变期，这一时期之前氮利用低效品种展现出更强的生长趋势，而这一时期之后氮利用高效品种表现出更强的生长活力。为了在不影响产量情况下尽可能最大限度地利用氮素，提高农业生态系统中氮的可持续性，在盛花期之后鉴定油菜对于氮素利用能力具有重要意义。开花后较高的地上部参数和较大的根系特性是选择氮素利用高效油菜植株的可靠性状，因为本研究已经证实氮利用高效品种在盛花期之后具有较强的持绿性和氮素吸收能力。

第4章 不同氮利用效率油菜每角粒数差异分析 ///////////////////////////////////

4.1 引言

产量是油菜育种中最重要的性状之一，由每角粒数、单株角果数和千粒重构成（Ma et al.，2015）。与其他农作物类似，油菜的产量三要素（每角粒数、单株角果数和千粒重）表现出不同程度的负相关，这表明可以通过提高单个产量成分（如每角粒数）最终提高籽粒产量（Yang et al.，2017c）。与此同时，每角粒数通常在碳水化合物竞争中与单株角果数和千粒重呈显著负相关。基于此，油菜每角粒数受到研究者广泛的关注（Yang et al.，2016；Wang et al.，2016d；Yang et al.，2017b）。另一方面，He 等（2017a）通过田间和盆栽试验发现，油菜每角粒数和氮利用效率显著正相关，这表明每角粒数可以作为评价油菜氮利用效率简单而适用的植物性状。

在油菜授粉过程中，花粉粒必须在柱头上发芽，然后形成花粉管释放雄配子与胚珠内的雌配子体（初始胚珠）相遇，则形成受精胚珠（Palanivelu et al.，2012）。受精胚珠主要经过前胚期、球形期、心形期、鱼雷期和成熟期（Andriotis et al.，2010；Tan et al.，2011；Hehenberger et al.，2012）5 个发育时期。在这一过程中，部分受精胚珠受基因型和环境因素的共同作用而出现败育（Calvino，2014），而剩余的胚珠（每角粒数）在角果皮的包裹下发育为成熟种子。有报道称，油菜胚珠败育主要取决于每个胚囊的胚珠数量、受精的胚珠比例（可育胚珠的比例×要受精的胚珠的比例）和胚珠败育的频率（受精胚珠发育成种子的比例）（Jeong et al.，2012；Yang et al.，2016；Yang et al.，2017c），并且受花粉萌发比例、角果光合作用、养分积累和角果发育期营养供应（Li et al.，2020；Labra et al.，2017；Wang et al.，2014b）的影响。研究发现，虽然不同品种油菜之间初始胚珠没有显著差异（Li et al.，2015a；Yang et al.，2016），但是最终在角果皮里形成的籽粒因品种不同差异很大（5～35 粒）（Yang et al.，2016）。尽管已有不少研究者探究油菜从胚珠受精到种子成熟的发育过程，到目前为止关于影响每角粒数形成的主要因素和关键时期仍然有所欠缺。

本研究以 18 个不同氮利用效率油菜为试验材料，在田间和盆栽条件下，开花期测定不同氮利用效率油菜雄蕊、雌蕊性状，并详细监测角果特性在不同生长期动态变化，系统分析油菜每角粒数差异的主要原因和关键时期，以期为育种者提供参考，从而减少胚珠败育，提高每角粒数和籽粒产量，最终提高氮利用效率。

4.2 材料和方法

4.2.1 田间试验

4.2.1.1 植物材料
植物材料同第 2 章 2.2.1.1。

4.2.1.2 试验设计
试验设计同第 2 章 2.2.1.2。

4.2.2 盆栽试验

4.2.2.1 植物材料
植物材料同第 2 章 2.2.1.1。

4.2.2.2 试验设计
试验设计同第 3 章 3.2.1.2。

4.2.3 测定项目与方法

雄蕊和雌蕊性状：从 18 个不同氮利用效率油菜主花絮上选取同一天花瓣打开的花朵，用镊子除去花瓣。然后，根据 Lankinen 等（2018）的方法测量花粉数目和花粉活力：将花粉粒洒在含有 16％蔗糖的 Hoekstra 培养基中的显微镜载玻片上。将显微镜载玻片放置在温度为 25℃的黑暗恒温培养箱中 3h。然后通过添加 100％甘油终止花粉萌发。在光学显微镜（Axioplan 2，Zeiss）下，统计花粉数目。同时计算花粉活力：发芽的花粉粒数/花粉粒总数×100％。最后在光学显微镜下统计不同氮利用效率油菜初始胚珠数目。

角果生理性状：从开花期开始到花后 30d，用颜色不同的细绳对应主花絮上面 18 个氮利用效率油菜不同开花的日期。最后将角果发育时期分为前胚期（开花后 1～4d）、球形期（开花后 5～8d）、心形期（开花后 9～14d）、鱼雷期（开花后 15～22d）和成熟期（开花后 23～30d）（Andriotis et al.，2010；Tan et al.，2011；Hehenberger et al.，2012）。分别在不同氮利用效率油菜角果发育 5 个时期，用改进过的 Li‐6400 便携式光合作用系统（LI‐COR，Lincoln，NE，USA）测定角果净光合速率（朱海兰等，2019），20cm 直尺测定角果长度，游标卡尺测定角果宽度，换算成角果表面积。之后，摘下角果一部分用于统计有效胚珠数目和角果生物量；另一部分用于测定角果基因表达量。最后，在角果成熟期测定主花絮长度（油菜主茎上花序顶端到基部的长度）和胚珠败育率：败育的胚珠数/初始胚珠数（Wang et al.，2011）。

角果基因表达量：取不同氮利用效率油菜角果约 100 mg 在液氮中研磨，并使用 EZNATM 植物 RNA 试剂盒（美国乔治亚州诺克罗斯的 Omega Bio‐Tek Inc.）提取总 RNA。根据操作手册，使用 Trans Script® First‐Strand cDNA Synthesis Super Mix（Trans Gen Biotech，中国北京）试剂合成 cDNA（附表 18）。梯度 PCR 和实时荧光定量 PCR 采用 Bio‐Rad 公司 iCycleriQ5 荧光定量 PCR 仪（QuantStudio 5，Life Technologies，

CA，USA）。荧光定量反应体系和定量引物如附表 19 和附表 20，使用标准曲线方法计算转录本的相对数量，以低效品种作为高效品种对照：高氮低效与高氮高效，低氮低效与低氮高效。

4.2.4　数据分析

数据分析同第 2 章 3.2.3 节。

4.3　结果

4.3.1　雄蕊和胚珠特征差异分析

在田间和盆栽试验中，氮利用高效品种（高氮高效和低氮高效）花粉数目比低效品种（高氮低效和低氮低效）高出 44.1%（52.7% 和 33.1%），而花粉活力高出 23.5%（21.2% 和 26.2%）（图 4-1 A 至 H，附表 21）。但是，在田间试验和盆栽试验中，不同氮利用效率油菜之间的初始胚珠数目却没有显著差异（图 4-2 A 至 H，附表 22）。

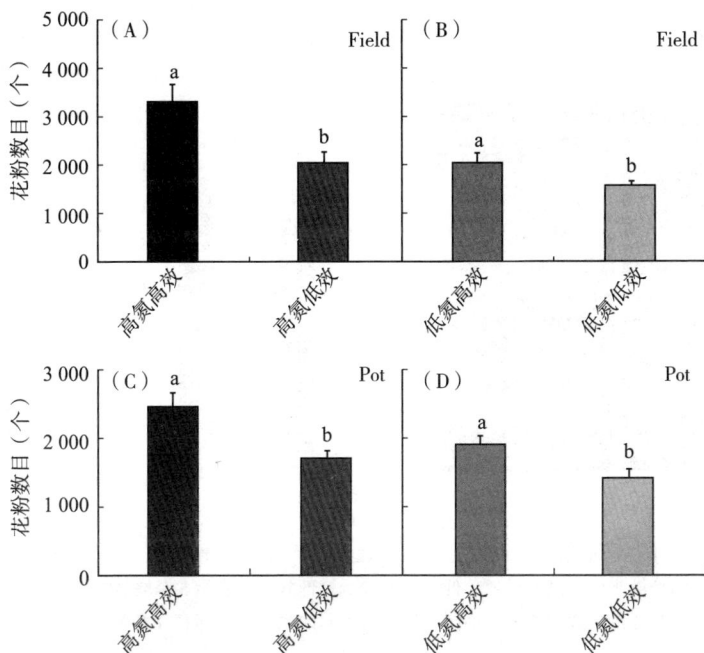

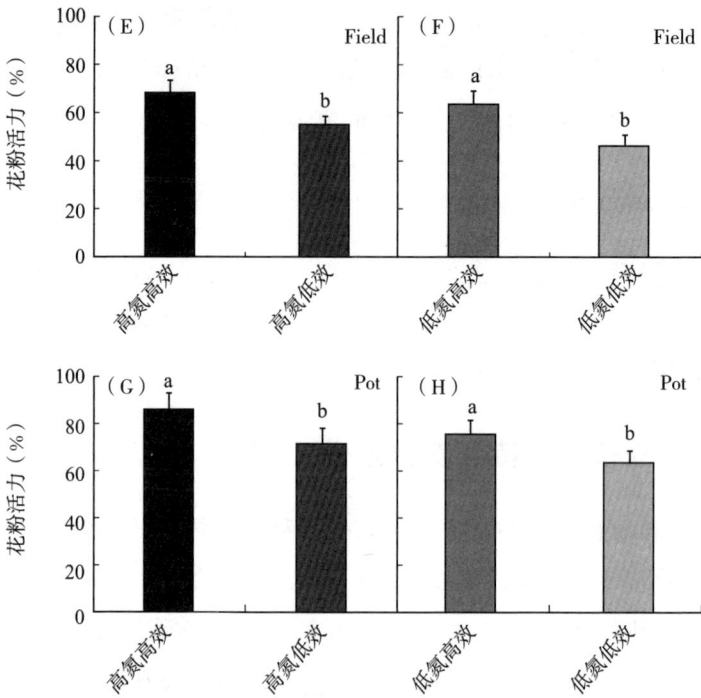

图4-1 不同氮利用效率油菜花粉数目（A至D）和花粉活力（E至H）差异分析

注：图中的高氮高效、高氮低效、低氮高效和低氮低效分别表示5个高氮高效、5个高氮低效、4个低氮高效和4个低氮低效的均值。不同字母表示不同油菜品种之间存在显著差异（$P<0.05$）。

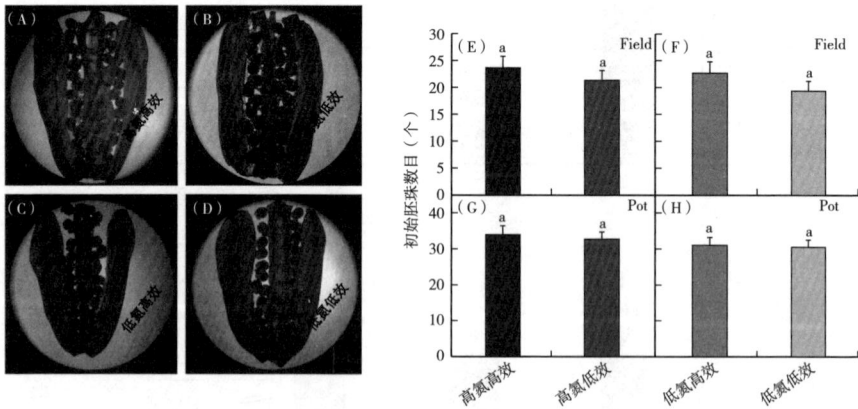

图4-2 不同氮利用效率油菜初始胚珠表型（A至D）和数目（E至H）差异分析

注：图中的高氮高效、高氮低效、低氮高效和低氮低效分别表示5个高氮高效、5个高氮低效、4个低氮高效和4个低氮低效的均值。不同字母表示不同油菜品种之间存在显著差异（$P<0.05$）。

4.3.2　不同发育时期角果特性差异分析

从本研究结果可以发现，从心形期到成熟期，氮利用高效品种角果净光合速率显著高于低效品种（图 4 - 3 A、B），并且高效品种角果表面积也显著高于低效品种（图 4 - 3 C、D）。与此同时，在角果的长度和宽度上发现了相同的趋势（附图 2）。最后，从心形期到成熟期，氮利用高效品种有效胚珠数目（初始胚珠数目－败育胚珠数目）和角果生物量也显著高于低效品种（图 4 - 3 E、H）。

本研究选取了和角果发育相关的 3 个基因（*BnARF18*、*BnLCR* 和 *BnDA1*），并研究了不同氮利用效率油菜角果从球形期到鱼雷期角果基因表达量差异。总体而言，不同氮利用效率油菜角果基因表达量在球形期没有差异；但是从心形期到鱼雷期，氮利用高效品种角果 *BnARF18*、*BnLCR*、*BnaC9.SMG7b* 和 *BnDA1* 表达量分别比低效品种高出 15～40 倍、5～21 倍、5～15 倍和 4～18 倍（图 4 - 4）。

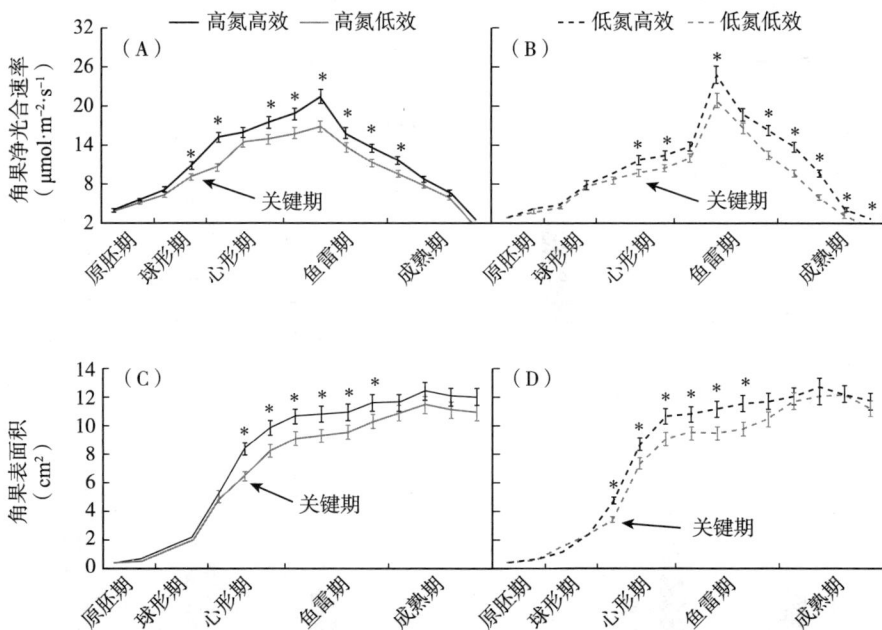

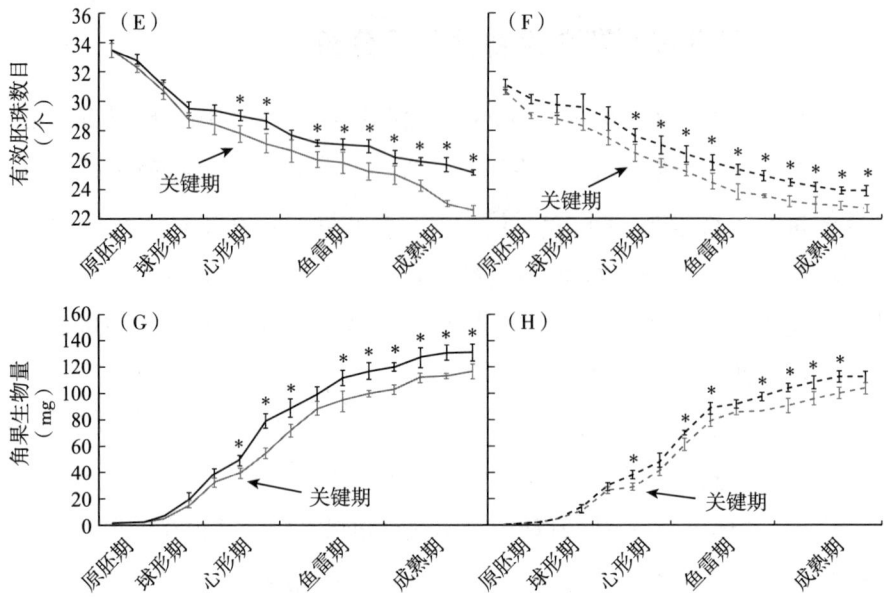

图 4-3　不同氮利用效率油菜角果净光合速率（A、B）、角果表面积（C、D）、有效胚珠
　　　　数目（初始胚珠数目－败育胚珠数目）（E、F）和角果生物量（G、H）从原胚
　　　　期到成熟期差异分析

注：折线图上面星号表示不同油菜品种之间存在显著差异（$P < 0.05$）。

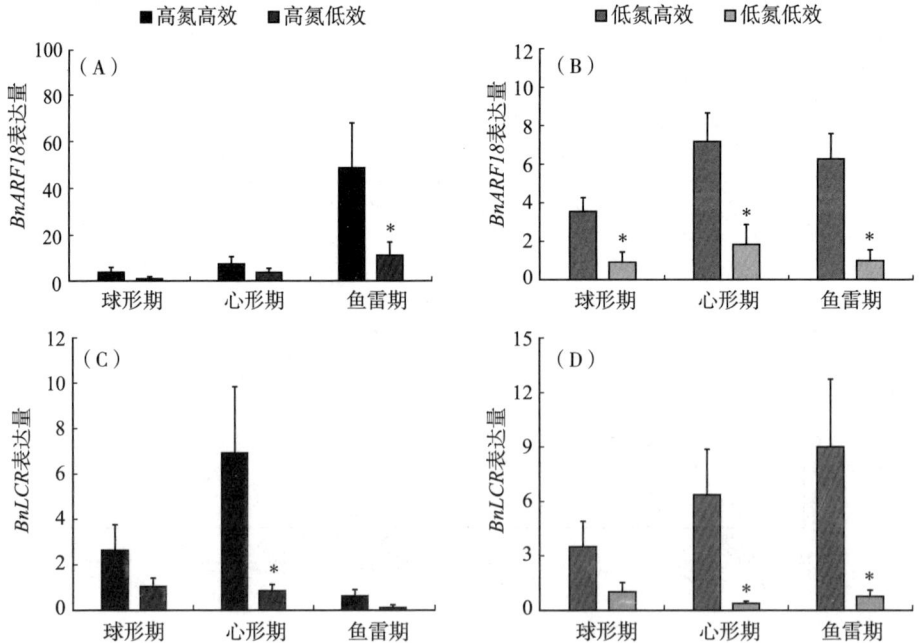

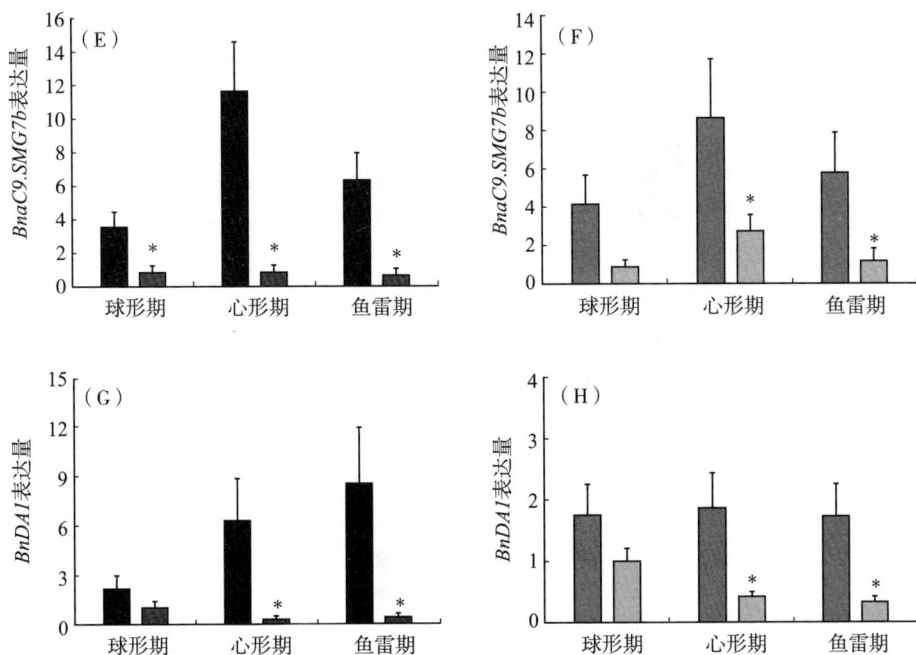

图 4 - 4　不同氮利用效率油菜角果 *BnARF18*（A、B）、*BnLCR*（C、D）、*BnaC9. SMG7b*（E、F）和 *BnDA1*（G、H）基因表达量差异

注：折线图上面星号表示不同油菜品种之间存在显著差异（$P < 0.05$）。

4.3.3　主花絮长度和胚珠败育率差异分析

在田间和盆栽条件下，不同氮利用效率油菜主花絮长度没有差异（图 4 - 5 A 至 D，附表 22）。然而，氮利用高效品种胚珠败育率比低效品种低 39.3%（高氮高效为 45.4%，高氮低效为 34.3%）（图 4 - 6 A 至 H，附表 22）。

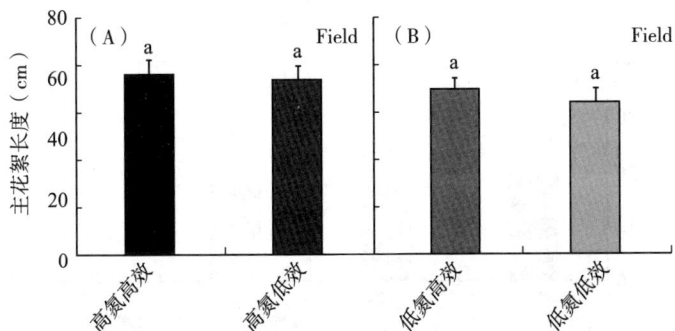

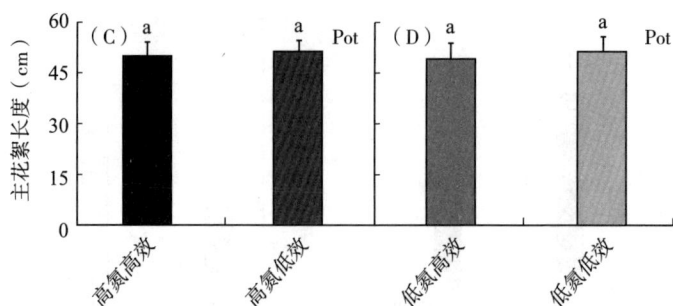

图 4-5　不同氮利用效率油菜主花絮长度（A 至 D）差异分析

注：图中的高氮高效、高氮低效、低氮高效和低氮低效分别表示 5 个高氮高效、5 个高氮低效、4 个低氮高效和 4 个低氮低效的均值。不同字母表示不同油菜品种之间存在显著差异（$P < 0.05$）。

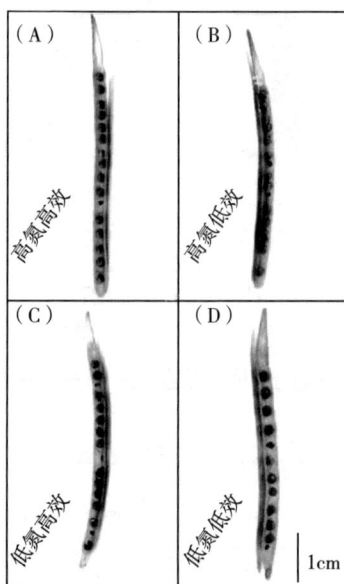

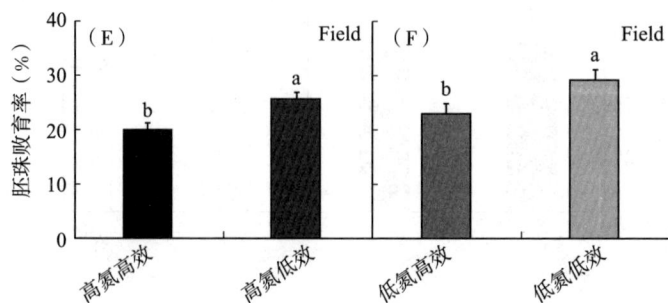

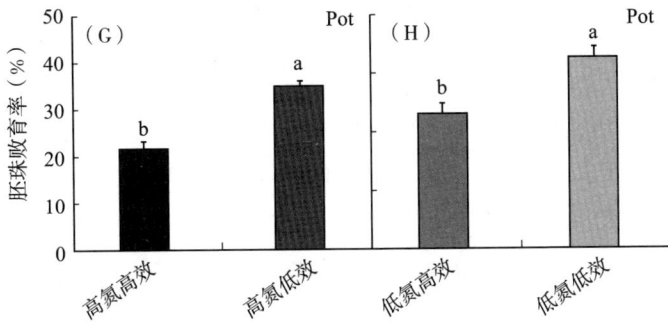

图 4 - 6　不同氮利用效率油菜胚珠败育表型（A 至 D）和数目（E 至 H）差异分析

注：图中的高氮高效、高氮低效、低氮高效和低氮低效分别表示 5 个高氮高效、5 个高氮低效、4 个低氮高效和 4 个低氮低效的均值。不同字母表示不同油菜品种之间存在显著差异（$P < 0.05$）。

4.4　讨论

前期研究发现，油菜籽粒产量和氮利用效率显著正相关（第 3 章），并且本研究小组已经证明产量三要素中只有每角粒数和氮利用效率显著正相关（He et al.，2017a）。因此，深入探索油菜每角粒数形成过程并分析出现差异的主要原因有助于降低胚珠败育率，提高油菜籽粒产量，最终提高氮利用效率。本研究发现，尽管不同氮利用效率油菜之间花药数量和初始胚珠数目没有显著差异，但是氮利用高效品种展示出更多的花粉数目、更高的花粉活力以及更低的胚珠败育率，从而产生更多的每角粒数和籽粒产量，进而提高油菜氮利用效率。开花后，受精胚珠经历了前胚期、球形期、心形期、鱼雷期和成熟期。综合角果净光合速率、表面积、生物量和基因表达量的结果可以发现，从原胚期到球形期，不同氮利用效率油菜间均无显著差异；而氮利用高效品种角果生理指标在心形期开始一直持续到成熟期都高于低效品种。

4.4.1　花粉数目和花粉活力对每角粒数的影响

油菜胚珠败育发生在从受精卵开始到最终成熟籽粒形成过程，并且受到许多因素的影响，如花粉不育（Yang et al.，2016）、花芽数量（Luo et al.，2018）、花序位置（Wang et al.，2014b）、种植密度（Khan et al.，2018）以及角果皮光合作用（Wang et al.，2016a）。本研究发现，氮利用高效品种每角粒数、籽粒产量以及氮利用效率显著高于低效品种是因为高效品种胚珠败育率显著低于低效品种。Isoda 等（2010）研究发现，光合产物的减少会引起更多胚珠败育，从而降低籽粒产量。因此，改善角果光合作用有可能进一步增加每角粒数和籽粒产量，最终提高氮利用效率（Zhu et al.，2018）。本研究结果表明，氮利用高效品种角果净光合速率显著高于低效品种，这说明高效品种在花后向发育的角果供应更高的光合产量，降低胚珠败育率，最终产生更高的每角粒数，进而有更高的产量，从而提高油菜氮利用效率。研究表明，大多数生殖败育发生在胚珠发育早期（Coello et al.，2016），并且每角粒数与胚珠败育率之间呈负相关，表明胚珠败育率可能是每角粒数的上游调控因子。有研究者发现，不同油菜品种之间初始胚珠数目没有显著差异（Yang et al.，2016；Li et al.，2015a）。本研究结果与前人研究结果类似，这表明初始胚珠数目不是引起不同氮利用效率油菜之间的每角粒数变异的主要原因。然而，与氮利用低效品种相比，高效品种表现出更高的花粉数目（44.1%）和花粉活力（23.5%）。这说明在育种过程中选择较多的花粉数目和更高的花粉活力时，雌雄配子之间受精产生受精胚珠的机会增加（Zhang et al.，2010a）。Chen 等（2014）研究发现，花粉活力的降低导致水稻品种的籽粒产量降低。Zhang 等（2010a）在沙梨中也观察到了类似的结果，其中较高的花粉数目提高了花粉的发芽率、种子活力，从而提高了果实产量和品质。本研究表明，氮利用高效品种有更多的花粉数目和更高的花粉活力，从而降低胚珠败育率，提高每角粒数和籽粒产量，最终有更高的氮利用效率。有研究表明，油菜中由于花粉较少而不足以使所有胚珠受精，随后导致胚珠败育，产量减少（Fu et al.，2018；Dai et al.，2018）。这意味着花粉数目和花粉活力可能是调控胚珠败育的上游因素，并且这两个花粉性状通过控制胚珠败育率来调节每角粒数和籽粒产量的变化，最终影响油菜氮利用效率。氮对植物花粉生长发育至关重要，供应不足显著降低了玉米的花粉数目和花粉活力（Zheng et al.，2017；Soto et al.，2010）。Nikolic 等（2012）研究表明，小麦前期氮积累量和花粉数目显著正相关。基于此，本研究推测氮利用高效品种在开花前储备更多的氮素，这使得高效品种能够产生更多的花粉数目和更高的花粉活力，从而降低胚珠败育率，产生更高的每角粒数，有更高的籽粒产量，最终提高油菜氮利用效率。

4.4.2　心形期是不同氮利用效率油菜每角粒数差异的关键期

研究表明，不同油菜品种每角粒数表现出较大遗传差异（3～35 粒）（Yang et al.，2016；Pereira et al.，2014）。本研究发现，不同氮利用效率油菜花丝数目和初始胚珠数目没有显著差异。因此，不同油菜品种每角粒数差异发生的关键时期为受精之后：原胚期、球形期、心形期、鱼雷期或成熟期中的一个或多个时期（Andriotis et al.，2010；Tan et al.，2011；Hehenberger et al.，2012）。本研究结果表明，心形期是不同氮利用效率油菜胚珠发育关键期，在此阶段，氮利用高效品种每角粒数开始高于低效品种，并且一直持续到成熟期。油菜角果在开花之后是主要光合器官之一（Dong et al.，2018），同时也是储存碳水化合物以供给发育中种子的重要器官（Wang et al.，2016a；Chen et al.，2018）。本研究发现，氮利用高效品种角果净光合速率在心形期显著高于低效品种，表明高效品种有更高的角果生物量和更多的每角粒数（Makino，2011）。Kebede 等（2014）研究表明，更大的角果表面积将具有更高的角果光合作用，从而提高每角粒数和籽粒产量。与氮利用低效品种相比，高效品种在心形期角果表面积、角果长度和角果宽度明显更大，表明受光面积越大，可以产生更多的光合产物用以胚珠的生长，这与角果净光合速率、角果生物量和有效胚珠的结果一致，再次证明心形期是不同氮利用效率油菜每角粒数差异的关键时期。角果是受精胚珠形成和填充的主要器官，也是由多基因控制的复杂性状（Wang et al.，2016d）。近年来，已有不少研究者报道调控油菜胚珠发育或角果生长的基因，例如：*BnARF18* 基因同时调控油菜角果发育和籽粒生长（Liu et al.，2015），*BnLCR* 基因在主要油菜籽粒形成方面起作用（Song et al.，2015a），*BnaC9. SMG7b* 基因通过调控雌配子体的形成影响油菜每角粒数（Li et al.，2015），*BnDA1* 调控油菜籽粒大小和重量（Wang et al.，2017）。本研究选取上述 4 个调控油菜籽粒（角果）发育基因，通过比较不同氮利用效率油菜基因的表达水平差异，以确定每角粒数差异关键时期，同时也验证角果生理指标的可靠性。本研究结果表明，从心形期到鱼雷期，氮利用高效品种基因表达量显著高于低效品种。这一结果支持油菜角果从心形期开始充当了光合作用中心，并可能将更多的同化物和养分贡献给角果中发育的种子，从而高效品种产生更高的每角粒数和籽粒产量，最终提高油菜氮利用效率（Wang et al.，2016a；Hua et al.，2012；Bennett et al.，2011）。这也可能是氮利用高效品种角果特性从心形期显著高于低效品种的原因之一，进一步深入研究与角果发育相关基因可能有助于降低油菜胚珠败育率，从而提高每角粒数，进而提高籽粒产量，最终提高油菜氮利用效率。本研究在心形期发现不同氮利用效率油菜角果发育相关基因表达量存在显著差异，这可能是引起角果表面积更大、生物量更高和每角粒数更多的主要原因。因此，本研究得出的结论是：心形期是不同氮利用效率油菜每角粒数差异的关键期。

4.5　小结

与氮利用低效品种相比，高效品种在胚珠受精前有更高的花粉数目和花粉活力，这使得胚珠受精后有较低的胚珠败育率，产生更多的每角粒数，从而有更高的籽粒产量，最终提高油菜氮利用效率。而不同氮利用效率油菜每角粒数出现差异的关键时期是心形期，在这个阶段氮利用高效品种每角粒数显著高于低效品种，并且这种趋势一直保持到受精胚珠成熟期为止。因此，为了最终提高油菜籽粒产量和氮利用效率，本研究建议油菜育种中可以提高花粉数目和活力，并且在心形期之前采取措施减低胚珠败育率。

第5章 油菜籽粒氮来源及其差异分析 ////

5.1 引言

    油菜通常被描述为氮利用效率［籽粒产量／地上部吸收量（Moll et al.，1982)］较低的作物，大约是谷物的一半（Bouchet et al.，2016a）。针对这一结果，不少学者表示可以通过精确的田间管理（Adams et al.，2018）、合理施用氮肥（Liang et al.，2019）、适宜的灌溉制度（Jalil Sheshbahreh et al.，2019）和长期轮作（Lu et al.，2019）等方法实现其氮效率的提高。另外不少研究表明，最佳方法是通过利用植物本身的遗传潜力来提高氮效率（Iqbal et al.，2020a）。氮效率由氮利用效率和氮吸收效率组成，并且许多研究人员发现在油菜中氮利用效率和氮效率的相关性更高（Stahl et al.，2019；Sylvester-Bradley et al.，2009）。本研究团队对 50 份油菜材料氮利用效率和其他性状进行分析，发现氮利用效率和氮收获指数显著正相关（He et al.，2017b）；同时发现，不同氮利用效率油菜地上部氮累积量之间没有差异，籽粒氮累积量差异显著。这表明，籽粒氮累积量之间的差异是引起油菜氮利用效率不同的主要因素。

    植物成熟期籽粒生长发育所需的氮通常可以从两个途径获取：一是从开花前累积在营养组织中的同化库中转移；二是植物根系开花后直接从土壤中吸收，这说明籽粒中含有的氮既受开花前累积的氮的影响，又受开花后持续吸收的影响（Taulemesse et al.，2015；Bogard et al.，2011）。通常来说，植物籽粒中来自花后直接从土壤吸收的氮和从营养器官再转移的氮存在负相关关系，而这有可能是因为两种不同氮来源在竞争土壤中有限的氮素（Gaju et al.，2014）。研究表明，籽粒中的氮有 38%～60% 来自营养器官氮再转移，而其余的氮依赖于开花后土壤氮有效性和环境条件的持续吸收（Taulemesse et al.，2015；Taulemesse et al.，2016）。本试验小组前期通过差减法估算后发现，氮利用高效品种和低效品种之间茎叶氮转移效率没有显著差异，但是高效品种油菜花后氮吸收量显著高于低效品种，而且花后氮吸收占成熟期总氮素吸收的比例显著高于低效品种。

然而，前期差减法计算的氮转移量存在偏差，因为根对籽粒氮的贡献被忽略，而且认为花后吸收的氮全部都转移到籽粒中去（Malagoli et al.，2005）。基于此，本研究用 ^{15}N 在油菜花后进行同位素标记，通过计算开花期和成熟期根系、茎秆及叶片生物量和含氮量，从而研究植物整株氮素的动态变化，精确区分花后营养器官氮素再转移和花后氮素直接吸收对于最终籽粒氮的贡献。

5.2　材料和方法

5.2.1　植物材料

植物材料同第 2 章 2.2.2.1。

5.2.2　试验设计

试验设计同第 2 章 2.2.2.2。

等到 4 个不同氮利用效率油菜开花初期（BBCH 60），将所有植株分成两组：第一组每个品种选取大小均匀的 4 株油菜植株分为根系、茎秆和叶片，烘干称重后并测定其生物量和含氮量（^{14}N）；第二组同样每个品种选取 4 株用于后续 ^{15}N 试验研究。第二组植株于开花初期用含有 ^{15}N 的 $K^{15}NO_3$（丰度 10%）替换前期的常规 $K^{14}NO_3$（图 5-1），一直持续到植株成熟（开花后 40d）。之后将所有成熟的 ^{15}N 分为根系、茎秆、叶片、角果皮和籽粒，并测定其生物量、总含氮量（$^{14}N+^{15}N$）和 ^{15}N 含量。

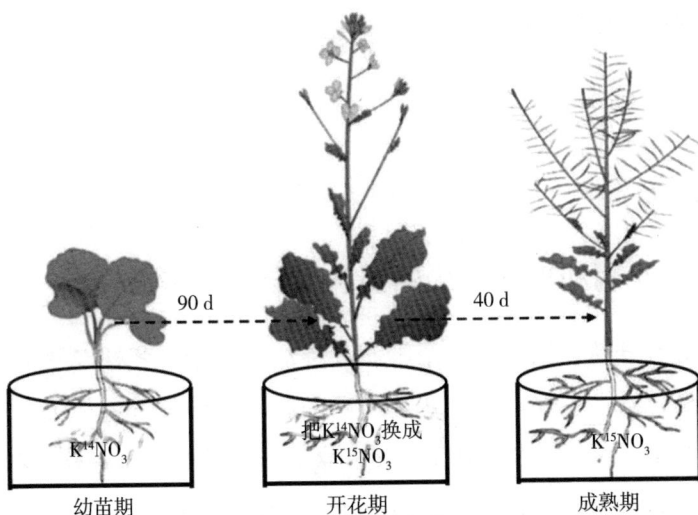

图 5-1　^{15}N 同位素试验操作示意

5.2.3　测定项目与方法

第一组和第二组样品含 ^{14}N 量用凯氏定氮法测定。第二组 ^{15}N 样品在 60℃烘干后，经植物球磨仪粉碎，常温干燥保存，称取一定质量用锡囊包裹，送至美国加州大学戴维斯分校进行 ^{15}N 同位素分析。根据两个收获时间（开花初期和成熟期）油菜各器官 ^{14}N 量和 ^{15}N 含量（^{15}N 原子百分比－自然的 ^{15}N 原子百分比）的差值计算出 4 个品种花后 N 吸收量和再转移量，其计算公式为

油菜植株花后氮吸收（^{15}N）＝成熟期根系、茎秆、叶片、角果皮和籽粒 ^{15}N 之和

油菜成熟期籽粒氮来自花后氮素直接吸收＝籽粒中 ^{15}N 含量

油菜成熟期籽粒氮来自花后氮素再转移＝籽粒总含氮量－^{15}N 含量

油菜成熟期籽粒氮来自各个器官再转移（^{14}N）＝开花初期各个器官含氮量（^{14}N）－成熟期各个器官含氮量（总氮－^{15}N）

花后氮累积量向各器官分配量＝各器官 ^{15}N 含量

5.2.4 数据分析

数据分析同第 2 章 3.2.3。

5.3 结果

5.3.1 开花期和成熟期生物量和含氮量差异分析

本研究在开花初期测定 4 个不同品种油菜根系、茎秆以及叶片的生物量和含氮量，结果发现不管是在高氮还是低氮条件下，氮利用高效品种和低效品种根系、茎秆以及叶片生物量和含氮量都没有显著差异（表 5-1）。

表 5-1 高氮条件下不同氮利用效率油菜开花期根系、茎秆和叶片氮性状差异分析结果

	根系生物量 （g/株）	根系含氮量 （g/kg）	茎秆生物量 （g/株）	茎秆含氮量 （g/kg）	叶片生物量 （g/株）	叶片含氮量 （g/kg）
高氮高效	1.64 a	2.84 a	2.33 a	3.28 a	2.55 a	3.29 a
高氮低效	1.68 a	2.97 a	2.42 a	3.24 a	2.64 a	3.63 a
低氮高效	1.50 a	2.43 a	1.86 a	2.85 a	1.59 a	3.03 a
低氮低效	1.45 a	2.28 a	1.95 a	2.87 a	1.62 a	3.17 a

注：根据 ANOVA-protected LSD$_{0.05}$ 测试，高氮高效和高氮低效以及低氮高效和低氮低效后不同的字母，表明存在显著差异。

在水培条件下，不同氮利用效率油菜在成熟期各器官的生物量和含氮量差异显著。氮利用高效品种根系生物量、叶片（落叶）生物量和籽粒生物量分别比低效品种高出 40%、17% 和 36%（图 5-2 A、B、E、F、I、J）。在低氮条件下，氮利用高效品种茎秆和角果皮生物量分别比低效品种高出 18% 和 28%（图 5-2 D、H）。在成熟期，氮利用高效品种角果皮含氮量在两种氮水平下比低效品种高出 21%（图 5-3 G、H）。在高氮条件下，氮利用高效品种根系和叶片含氮量比低效品种高出 25% 和 38%（图 5-3 A、E）。然而，在低氮条件下，氮利用低效品种显示出更高的籽粒含氮量（3.02g/kg 对比 2.05 g/kg）（图 5-3 J）。

■高氮高效　▨高氮低效　▨低氮高效　▨低氮低效

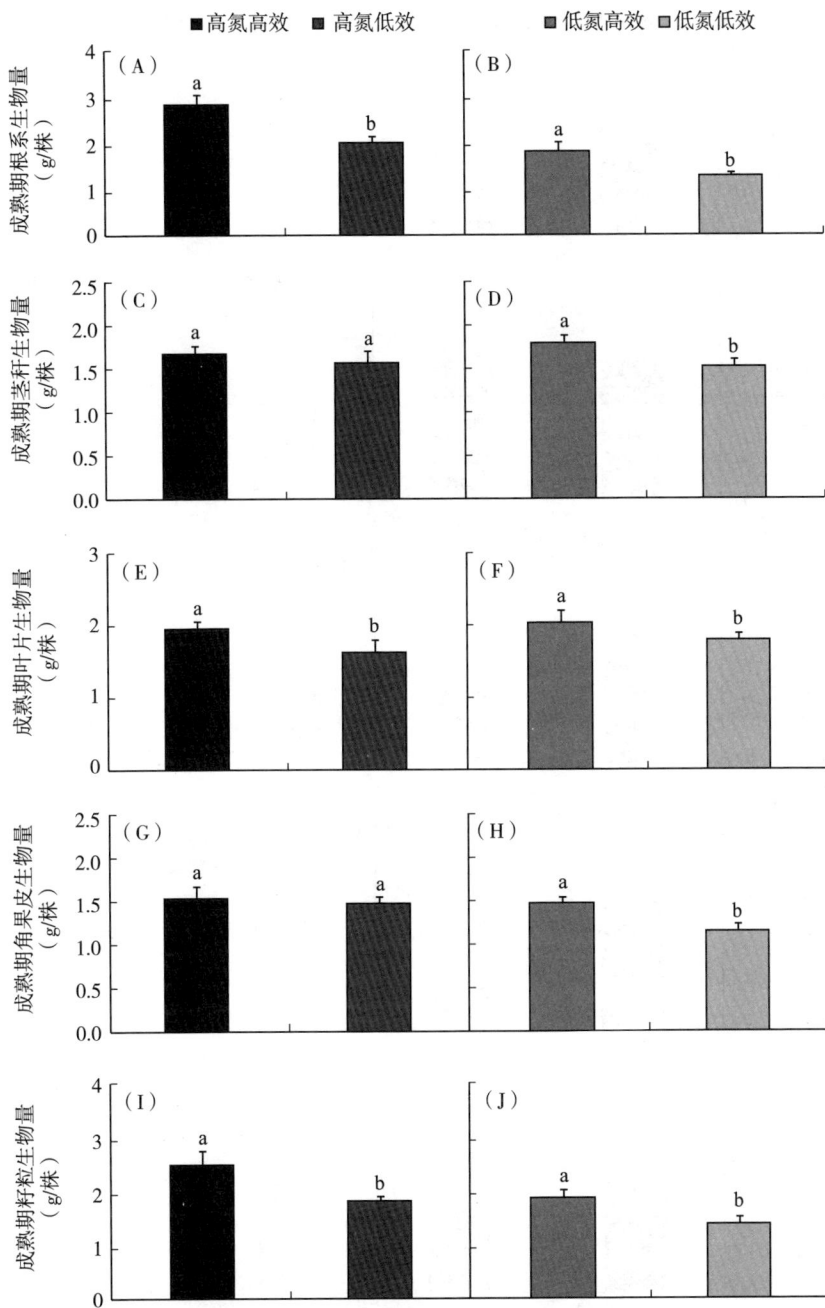

图 5-2　不同氮利用效率油菜成熟期根系（A、B）、茎秆（C、D）、叶片（E、
　　　　F）、角果皮（G、H）和籽粒（I、J）生物量差异分析

注：柱形图上面不同字母表示不同氮利用效率油菜之间存在显著差异（$P < 0.05$）。

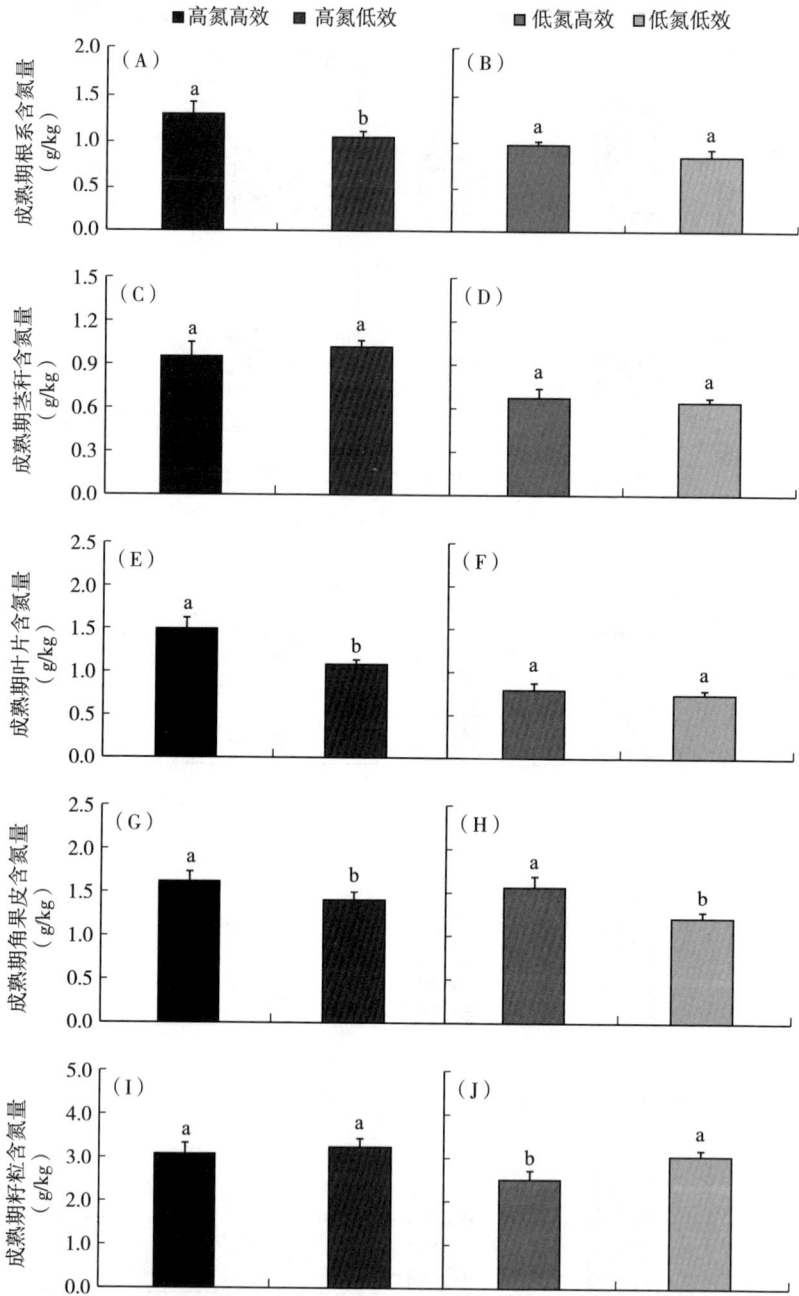

图 5-3 不同氮利用效率油菜成熟期根系（A、B）、茎秆（C、D）、叶片（E、F）、
角果皮（G、H）和籽粒（I、J）含氮量差异分析

注：柱形图上面不同字母表示不同氮利用效率油菜之间存在显著差异（$P < 0.05$）。

5.3.2　花后氮吸收和再转移差异分析

整体而言（图 5-4），花后根系吸收的氮素主要运送进籽粒（22.1%～39.3%、），其次是叶片（23.0%～29.7%），而留在根系（8.2%～19.4%）里面的氮素是最少的部分。对于花后氮再转移，叶片（34.9%～40.5%）排在第一位，其次是茎秆（35.2%～38.6%），最后是根系（21.4%～26.4%）。

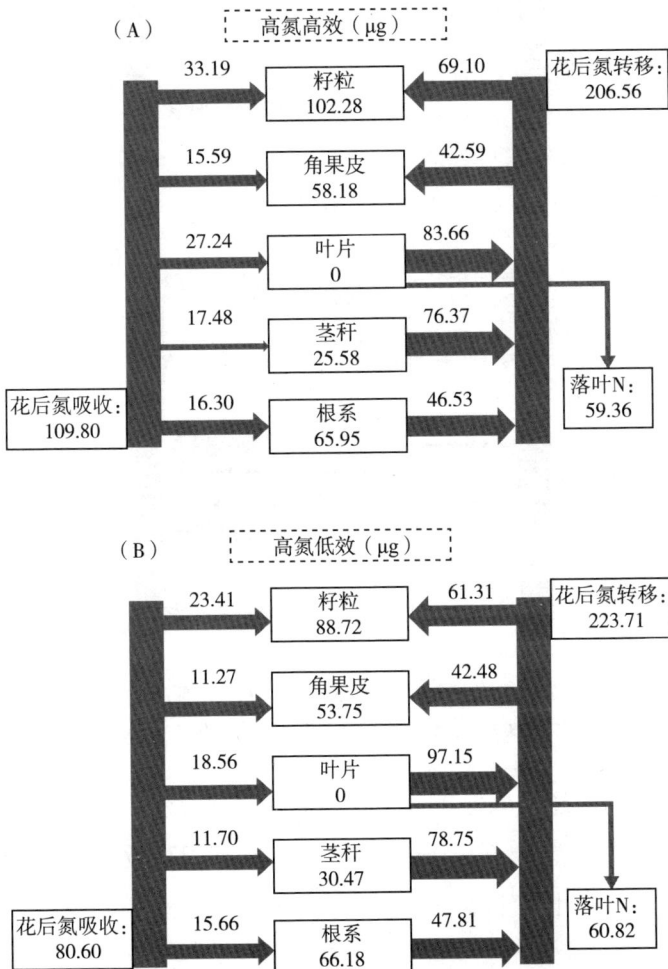

（C）　低氮高效（μg）

25.82 → 籽粒 68.07 ← 42.25　　花后氮转移：137.51

10.24 → 角果皮 29.48 ← 19.25

15.22 → 叶片 0 → 48.05

9.08 → 茎秆 23.77 → 53.10

花后氮吸收：65.77

5.40 → 根系 28.20 → 36.35

落叶N：43.44

（D）　低氮低效（μg）

10.87 → 籽粒 55.49 ← 44.63　　花后氮转移：135.25

8.74 → 角果皮 32.92 ← 24.17

14.61 → 叶片 0 → 51.76

8.29 → 茎秆 25.08 → 51.78

花后氮吸收：49.20

6.69 → 根系 33.01 → 31.70

落叶N：41.52

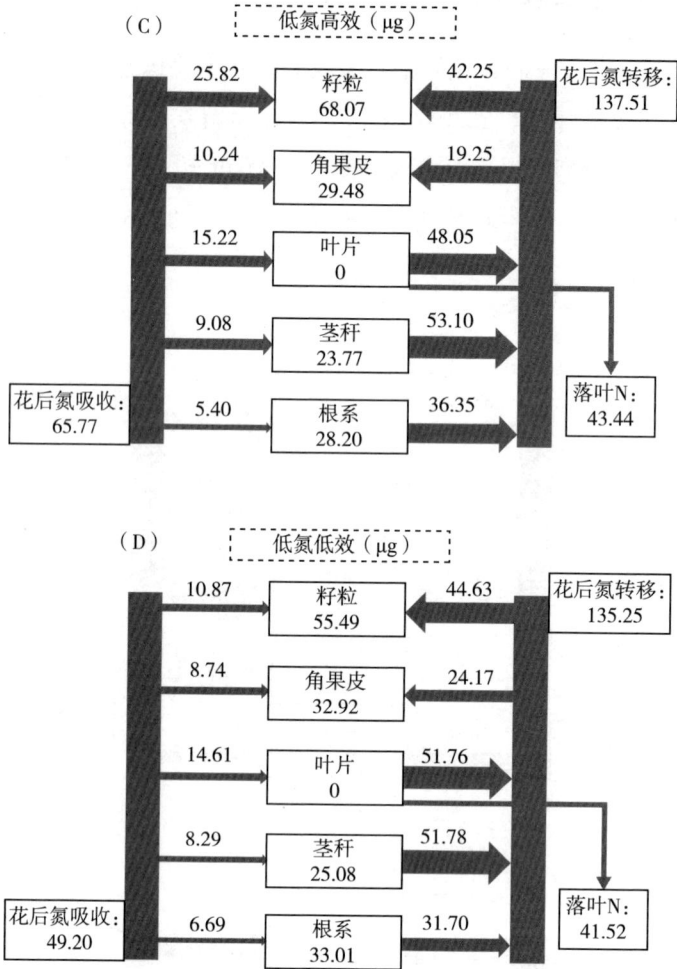

图 5-4　水培下高氮高效（A）、高氮低效（B）、低氮高效（C）和低氮低效（D）从开花期到成熟期氮素直接吸收及再转移

　　无论是在高氮还是低氮条件下，氮利用高效品种油菜花后氮再转移和低效品种之间没有差异（图 5-5）。然而，氮利用高效品种花后氮总吸收量却比低效品种高出 31%。

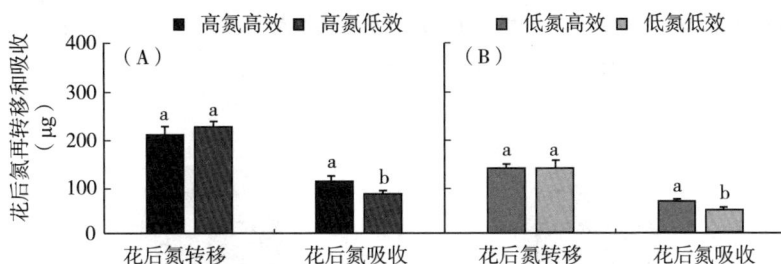

图 5-5　高氮高效、高氮低效、低氮高效和低氮低效油菜花后氮素再转移及吸收

注：柱形图上面不同字母表示不同氮利用效率油菜之间存在显著差异（$P < 0.05$）。

5.3.3　籽粒氮来源差异分析

通过 ^{15}N 标记试验结果可以看出（图 5-6），不同氮利用效率油菜花后氮素再转移不管是在高氮还是低氮条件下都没有差异。反而是花后氮素吸收差异显著，高氮条件下氮利用高效品种花后氮吸收比低效品种高出 22%；低氮条件下高效品种比低效品种高出 137%（图 5-6）。

尽管花后氮素再转移在不同氮利用效率油菜之间没有差异，但是从结果来看高氮条件下氮素再转移占籽粒总氮的 68%～72%，花后氮吸收占 28%～32%；低氮条件下氮素再转移占籽粒总氮的 62%～70%，花后氮吸收占 30%～38%（图 5-7）。

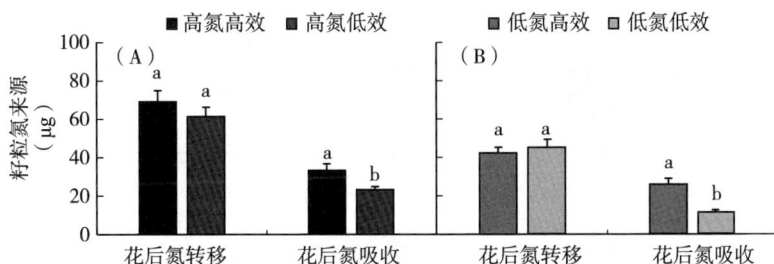

图 5-6　高氮高效、高氮低效、低氮高效和低氮低效花后氮吸收及氮转移对籽粒氮的贡献

注：柱形图上面不同字母表示不同氮利用效率油菜之间存在显著差异（$P < 0.05$）。

整体来看，根系、茎秆和叶片氮素转移对于籽粒氮的贡献在不同氮利用效率油菜之间也没有差异（图 5-8）。但是从根系、茎秆和叶片花后氮转移对籽粒氮的贡献来看，叶片贡献最大（39.3%），其次是茎秆（37.3%），最后是根系（23.4%）（图5-8）。

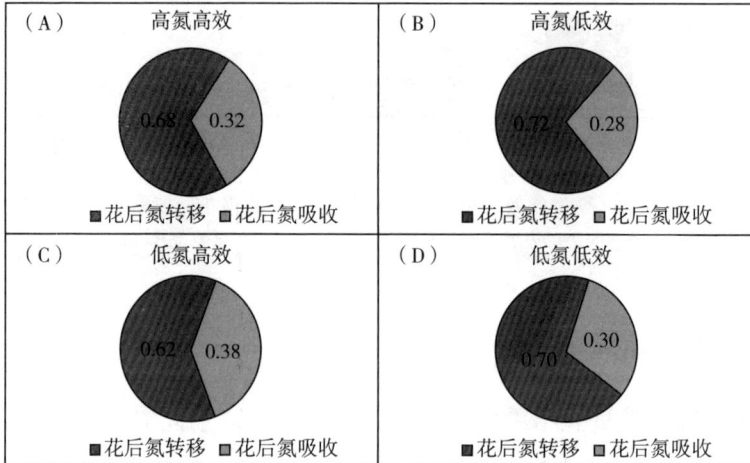

图5-7 高氮高效、高氮低效、低氮高效和低氮低效籽粒氮来自花后
　　　 氮转移及吸收比例

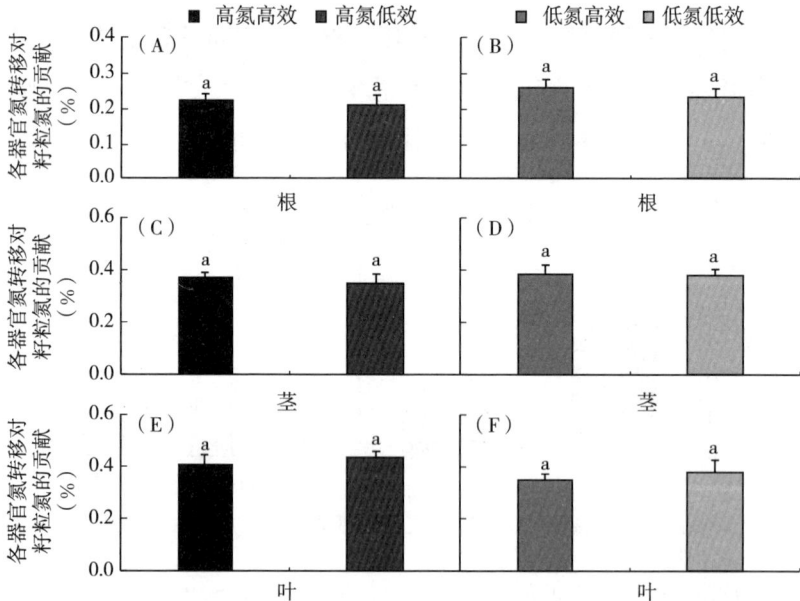

图5-8 高氮高效、高氮低效、低氮高效和低氮低效花后各器官氮转移对籽粒氮的
　　　 贡献
　　注：柱形图上面不同字母表示不同氮利用效率油菜之间存在显著差异（$P < 0.05$）。

5.4　讨论

通过田间和盆栽试验发现，氮利用高效品种籽粒氮累积量显著高于低效品种，而地上部氮累积量在不同氮利用效率油菜之间没有差异。与此同时，前期试验还发现，氮利用效率和籽粒氮累积量显著正相关，和地上部氮累积量不相关（第 3 章）。油菜籽粒氮主要来自花后营养器官的氮素再转移和花后根系对外界直接吸收两种途径，用 ^{15}N 同位素标记试验不仅可以准确地分辨出两种氮途径对于成熟期籽粒氮的贡献大小，还能判断出不同氮利用效率油菜之间各器官对于籽粒氮的贡献是否存在差异。结果显示，氮利用高效品种花后氮累积量显著高于低效品种，而氮再转移在不同氮利用效率油菜间没有差异。与此同时，氮利用高效品种花后吸收氮素对于籽粒氮累积量的贡献显著高于低效品种，然而不同氮利用效率油菜之间花后氮素再转移对于籽粒氮的贡献没有差异。但是不同氮利用效率油菜花后氮素再转移对于成熟期籽粒氮累积量贡献的比例高于花后氮吸收。进一步分析发现，不同氮利用效率油菜花后各器官氮素再转移对于籽粒氮累积量的贡献大小为叶片最高，茎秆次之，根系最小。

5.4.1　同位素标记法区分花后氮素再转移和吸收

Ulas 等（2013）通过"差减法"（开花初期地上部营养器官氮累积量－成熟期地上部营养器官氮累积量）分别讨论油菜花后氮素直接吸收和再转移对于籽粒氮累积量和氮利用效率的影响。Wang 等（2016c）也通过"差减法"来计算叶片含氮量对于籽粒氮的贡献。本研究团队前期在盆栽试验条件下，也用"差减法"推测油菜花后氮素吸收和再转移对于籽粒氮累积量的贡献（贺慧英，2018）。然而，用"差减法"估算植物花后氮素吸收和再转移对于籽粒吸氮贡献的方法存在两方面的局限：第一，通过"差减法"计算出的花后氮吸收以及氮素再转移属于总氮素吸收和总氮再转移，这种计算方法默认了花后植物根系吸收的氮素以及开花之前储存于营养器官中的氮素完全运输或者转移进籽粒，这显然不太准确。因为本研究结果已经证明，还有一部分花后根系吸收的氮素以及开花之前累积在营养器官的氮素在油菜成熟期依然储存在根系、茎秆、叶片和角果皮，大概只有一部分花后根系吸收的氮素或者花前储存的氮素被最终运输进了成熟期的籽粒。第二，田间和盆栽土培试验在计算氮素再转移以及花后氮素直接吸收的时候忽略了根系对于籽粒氮的贡献。因为土培试验并不能完全收集根系，这对于研究籽粒氮来源中的花后氮素再转移和氮素直接吸收是不太准确的。油菜根系虽然在花后氮再转移到籽粒的贡献比最小（23.4%）（Malagoli et al.，2005），但是这部分研究内容也是必不可少的，因为氮利用高效基因型根系在花后对于外界氮素的吸收能力可能会通过影响地上部叶片衰老来最终影响种子中氮积累，进一步影响种子产量和氮利用效率（Hitz et al.，2016；Coque et al.，2008）。基于此，本研究在水培条件下通过开花初期用 ^{15}N 同位素替代 ^{14}N 标记方案解决上述两个问题，进一步精确探明造成油菜籽粒氮累积量差异的原因以及各个营养器官对于籽粒氮的贡献。已有文献报道，研究植物花后氮素再转移以及直接吸收的最准确最完善的试验方法就是用 ^{15}N 同位素标记法（Millard et al.，1989），并且最好配合在水培条件下实施。因为水培试验可以在任意的时间段用 ^{15}N 代替 ^{14}N 标记，与此同时可以根据试验要求做短期（脉冲跟踪实验）或者长期（准状态标记）同位素标记（Frak et al.，2002）。关于在水培条件下用 ^{15}N 标记研究植物根系对外界氮素吸收、累积以及再转移的文献已报道不少，如玉米（Fernandez et al.，2020；Zhao et al.，2018）、小麦（Wallace et al.，2019；Li et al.，2016）、拟南芥（Kiba et al.，2012；Menz et al.，2018）和水稻（Yu et al.，2020；Wu et al.，2018b）。但是关于在水培条件下用 ^{15}N 同位素标记来精确区分花后氮再转移和直接吸收对于籽粒氮累积量方面的报道几乎没有。本研究探索造成不同氮利用效率油菜成熟期籽粒氮累积量来源分析以及最终氮利用效率的差异对于揭示油菜高效利用氮素的生理机制意义重大。

5.4.2　花后氮素吸收不同是引起籽粒氮差异的主要原因

在低氮条件下，小麦成熟期籽粒氮中至少有 60％来自开花之后营养器官氮素再转移（Taulemesse et al.，2016）。而在玉米上面的研究发现，花后氮营养器官氮素再转移对于籽粒氮的贡献可以达到 61％（Coque et al.，2007）。Gombert 等（2010）估算后推测，在低氮条件下，油菜成熟期籽粒氮有 71％来自花后氮转移；高氮条件下可以达到 65％。从本研究结果可以看出，油菜花后氮素吸收占籽粒氮的比例为 68％～72％，这与上述研究结果一致，表明成熟期籽粒氮来源的大部分还是来自花后营养器官氮素再转移而不是根系对外界氮素直接吸收（Masclaux‑Daubresse et al.，2011）。通过进一步区分根系、茎秆以及叶片对于籽粒氮的贡献来看，Kichey 等（2007）在小麦上面的研究发现，叶片花后氮素再转移对于籽粒氮素贡献可以达到 35％，茎秆是 33％，剩下的 32％则是根系的贡献。Pask 等（2012）的研究同样表明，在花后氮素再转移对于籽粒氮贡献的过程中，叶片可以贡献 46％的氮素，其次是茎秆（20％），再次是叶鞘（18％），最后是根系（16％）。从本研究结果可以发现，油菜叶片对于籽粒氮的贡献最大（39.3％），其次是茎秆（37.3％），最后是根系（23.4％），这也与上述在其他作物上的研究一致，说明叶片在花后氮素再转移中占主要位置，而根系作用最小（Malagoli et al.，2005）。因为在开花期之前，植物根系吸收的氮素主要集中在叶片，用于光合作用；而开花期之后，叶片中储存的氮素开始转移到生殖器官，并快速衰老（Maillard et al.，2015；Wang et al.，2016a）。Koeslin‑Findeklee 等（2014）研究发现，在低氮条件下，杂交品种油菜具有更高的氮利用效率，这主要与花后氮素再转移有关，而与延迟花后叶片衰老没有关系。Avice 等（2014）也有类似的发现，油菜具有较低的氮利用效率，这主要是在营养阶段叶片衰老时氮素再转移较低造成的。然而，Berry 等（2010）和 Koeslin‑Findeklee 等（2014）研究发现，油菜花后氮素吸收量和氮收获指数以及氮利用效率相关性很强，并猜测可能是花后氮吸收的不同引起油菜氮收获指数以及氮利用效率差异。Ulas 等（2013）也提出相似的观点，不管是高氮还是低氮条件下，从对籽粒产量和氮利用效率遗传学变异角度看，油菜花后氮吸收似乎比氮素再转移更为重要。本试验小组前期在盆栽条件下通过"差减法"提出猜想，引起不同氮利用效率油菜籽粒氮累积量差异的主要因素是花后氮吸收而不是氮素再转移。本研究在水培条件下，通过^{15}N 长期标记精确分析花后氮素再转移以及花后氮素吸收对于籽粒氮的贡献，结果发现，不同氮利用效率油菜之间花后氮素再转移没有差异，反而是氮利用高效品种花后氮素吸收显著高于低效品种，这说明氮利用高效品种花后吸收更多的氮素累积到籽粒（Guo et al.，2021）。

5.5 小结

本研究用^{15}N 同位素标记试验，精确分析造成油菜籽粒氮累积量来源差异的原因，结果发现氮利用高效品种花后总氮累积量显著高于低效品种，而总氮再转移在不同氮利用效率油菜间没有差异。与此同时，引起不同氮利用效率油菜籽粒氮累积量差异的主要原因是花后氮素吸收的不同，因为不同氮利用效率油菜花后氮素再转移间没有差异。虽然花后氮素再转移不是引起籽粒氮累积量差异的主要因素，但是对于籽粒氮的贡献而言还是占主体。在这其中叶片贡献最大，茎秆次之，根系最小。针对本研究得出的不同氮利用效率油菜花后氮素吸收的不同，下一步的研究内容将具体探索不同氮利用效率油菜花后根系生理特性的差异，来进一步解释其原因，以期为最终揭示籽粒氮累积量差异以及氮利用效率差异的生理机制提供科学依据。

第6章　不同氮利用效率油菜花后根系特性差异分析 /////////////////////////////

6.1　引言

在过去 40 年中，油菜育种计划主要强调产量的增加，却忽略了籽粒氮或者蛋白质含量随之降低，尽管这两个性状都是油菜经济价值的主要决定因素（Taulemesse et al.，2015；Chen et al.，2015a）。同时提高籽粒产量和籽粒含氮量难度很大，因为这两个性状之间在遗传关系上存在强烈的负相关（Bogard et al.，2010；Masclaux‐Daubresse et al.，2011）。有研究报道，在全球范围内植物籽粒产量增加 1 Mg/hm²，相对应的籽粒氮含量就会下降约 10 g/kg（Triboi et al.，2006）。因此，缓解农业生产中产量与籽粒含氮量负相关关系，从而实现高产量和高籽粒含氮量的"双高"逐渐成为热门话题。Taulemesse 等（2016）提出相应的解决方法为：在花期前后增加施氮量，培育具有高产潜力的植物基因型。然而，这种方法增加氮素投入的同时也增加环境的压力，即不仅增加农民投入成本，而且增大对环境的潜在破坏。

已有研究表明，提高油菜开花后氮吸收量可能会在不降低其产量的情况下增加籽粒氮含量，从而有助于打破产量与籽粒含氮量之间的负相关关系（Bogard et al.，2011；Bogard et al.，2010）。然而，油菜根系花后氮素的吸收对籽粒氮的贡献不仅受其生长环境的影响，在一定程度上还受植物特性的影响，如植物开花后根系衰老。植物衰老是植物资源重新分配所必需的发育过程，其过程受到细胞程序性死亡的调控（Schneider et al.，

2017；Have et al.，2017）。植物衰老是植物器官发育的最后一个过程，几十年来，人们一直利用生理生化的方法对其进行研究（Schneider et al.，2017；Clement et al.，2018）。Hirel 等（2007）研究发现延长绿叶面积的持续时间也可能影响开花后作物吸收土壤氮的能力。研究人员将注意力集中在叶片衰老与开花后氮素吸收之间的关系上，并且多年来取得了长足的进步。然而，关于建立开花后氮素吸收与根系衰老之间的联系，目前相关报道较少。

因此，本研究提出假设：①氮利用高效品种在花后展现出更强的根系特性，吸收更多的氮素，运输并储存到籽粒；②油菜花后根系衰老对其氮吸收产生负面影响。为了验证假设，本研究从 2018 年到 2020 年，进行了一年水培和一年沙培试验，测定了不同氮利用效率油菜开花之后 10d 到 40d 根系形态指标、根系氮代谢酶活性、根系氮吸收动力学参数、根系硝酸盐转运蛋白基因表达量和抗氧化酶活性，以评估根系衰老与开花后氮素吸收的影响，同时阐明开花后根系性状对氮素吸收的影响，并最终解释花后氮素吸收与籽粒氮素积累的联系。

6.2　材料和方法

6.2.1　水培试验

6.2.1.1　植物材料

植物材料同第 2 章 2.2.2.1。

6.2.1.2　试验设计

试验设计同第 2 章 2.2.2.2。

水培试验的采样时期为花后 10d（10 DAF）、花后 20d（20 DAF）、花后 30d（30 DAF）和花后 40d（40 DAF）。在每个采样时期，分别测定 4 个品种油菜根系形态、根系氮代谢酶活性、根系硝酸盐转运蛋白基因表达量和根系氮吸收动力学参数。

6.2.1.3 测定项目与方法

根系形态、氮代谢酶活性和氮吸收动力学参数同第2章2.2.2.3。

根系总RNA的提取、cDNA合成、梯度PCR和实时荧光定量PCR同第4章4.2.3。定量引物如附表23，以H49和Sollux作为浙油18和Qianyou1的对照。

6.2.2 沙培试验

6.2.2.1 植物材料

本试验选取了2个具有代表性的油菜品种，即浙油18（在高氮和低氮条件下均表现为氮利用高效品种，编号5）和Sollux（在高氮和低氮条件下均表现为氮利用低效品种，编号18）。

6.2.2.2 试验设计

沙培试验同样是在西北农林科技大学科研温室（$34°18'N$，$108°5'E$）进行。本试验在两种不同氮水平下进行，分别为高氮（7.5 mmol/L KNO_3）和低氮（2.5 mmol/L KNO_3），其他营养液组分与2.2.2.2试验设计一致。待种子发芽之后，移到装有蛭石的塑料桶里面，每周用营养液浇灌植物。每周旋转所有装有油菜幼苗桶的位置，以避免位置效应。其他环境条件与2.2.2.2试验设计相同。

6.2.2.3 样品测定

沙培试验的采样时期为花后10d（10 DAF）和花后30d（30 DAF），采样部位为2个油菜品种根系，用于测定根系抗氧化酶活性。准确称取0.5 g根样品，与5.0 mL 50mmol/L磷酸盐缓冲液（pH 7.8）匀浆。将匀浆液在4℃下10 000g离心10min。取上清液按照试剂盒说明（南京建城生物工程研究所），测定根系过氧化氢酶（CAT）、过氧化物酶（POD）、超氧化物歧化酶（SOD）、抗坏血酸过氧化物酶（APX）和谷胱甘肽（GSH）的酶活性。

6.2.3 数据分析

数据分析同第2章3.2.3。

6.3 结果

6.3.1 根系形态差异分析

不同氮利用效率油菜花后根系形态差异明显，尤其是在高氮条件下，氮利用高效品种根长、根表面积、根体积、根活力、根系总投影面积和根分支数分别比低效品种高出 32%、33%、50%、13%、36% 和 53%（表 6-1）。而在低氮条件下，氮利用高效品种在 10 DAF 和 20 DAF 根长、根表面积、根体积、根活力、根系总投影面积、平均根系直径和根分支数分别比低效品种高出 39%、58%、50%、19%、33%、29%和53%（表 6-2）。

表 6-1　高氮条件下不同氮利用效率油菜花后根系形态差异分析

采样时期	根长（cm）		根表面积（cm²）		根体积（cm³）		根活力（mg·g⁻¹·h⁻¹）	
	高氮高效	高氮低效	高氮高效	高氮低效	高氮高效	高氮低效	高氮高效	高氮低效
10 DAF	248.04 a	213.07 b	114.52 a	88.23 b	4.23 a	2.94 b	0.56 a	0.50 b
20 DAF	304.73 a	180.57 b	150.12 a	97.60 b	6.37 a	4.36 b	0.79 a	0.70 b
30 DAF	404.37 a	390.35 a	185.45 a	147.04 b	8.21 a	4.92 b	0.85 a	0.76 b
40 DAF	414.18 a	257.28 b	149.55 a	118.17 b	4.13 a	3.06 b	0.65 a	0.58 b

表 6-2　低氮条件下不同氮利用效率油菜花后根系形态差异分析

采样时期	根长（cm）		根表面积（cm²）		根体积（cm³）		根活力（mg·g⁻¹·h⁻¹）	
	低氮高效	低氮低效	低氮高效	低氮低效	低氮高效	低氮低效	低氮高效	低氮低效
10 DAF	209.83 a	153.69 b	51.58 a	23.90 b	0.73 a	0.40 b	0.42 a	0.35 b
20 DAF	281.63 a	207.00 b	53.45 a	42.76 b	1.00 a	0.75 b	0.62 a	0.52 b
30 DAF	320.57 a	333.45 a	75.67 a	79.95 a	1.69 a	1.68 a	0.67 a	0.61 b
40 DAF	291.78 a	301.33 a	49.73 b	60.02 a	2.44 a	1.69 b	0.54 a	0.51 a

6.3.2 根系氮吸收动力学参数差异分析

分析不同油菜品种花后氮吸收动力学参数可以发现，氮利用高效品种花后 V_{max} 在 $10 \sim 40d$ 都是明显高于低效品种，而 K_m 呈现相反的趋势（图 6-1）。具体数值表现为：氮利用高效品种 V_{max} 分别比低效品种高出

68％（图 6-1 A、B），而氮利用低效品种 K_m 值比高效品种高出 52％（图 6-1 C、D）。

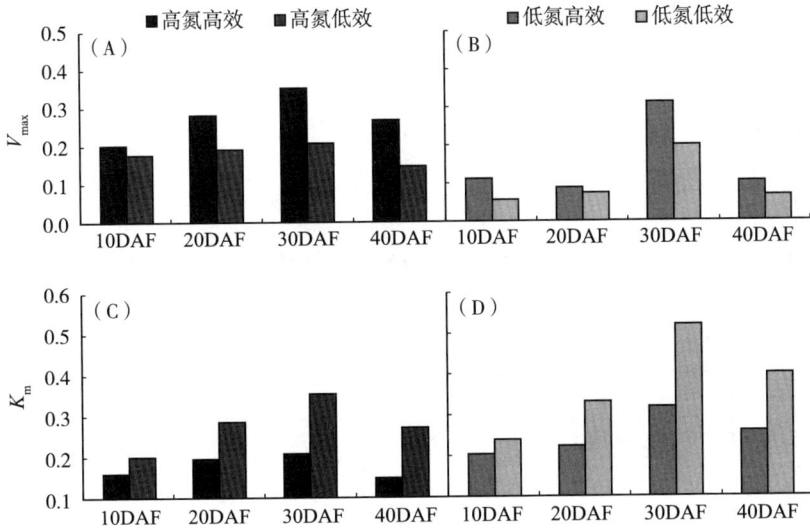

图 6-1　不同氮利用效率油菜花后 10～40d 根系最大吸收速率（A、B）和 K_m（C、D）差异分析

6.3.3　根系氮代谢酶活性差异分析

总的来说，氮利用高效品种花后 4 种根系氮代谢酶活性都高于或者有高于低效品种的趋势（图 6-2）。高氮高效品种硝酸还原酶活性在 30 DAF 和 40 DAF 分别比低效品种高出 52％和 39％（图 6-2 A），低氮高效品种在 10 DAF 和 40 DAF 分别比低效品种高出 40％和 26％（图 6-2 B）。对于根系谷氨酰胺合成酶来说，高氮高效种在 10 DAF 和 40 DAF 分别比低效品种高出 33％和 39％（图 6-2 C），低氮高效种则在 4 个采样时期分别比低效品种高出 46％、48％、35％和 77％（图 6-2 D）。高氮高效品种根系谷氨酸合成酶活性在 20 DAF、30 DAF 和 40 DAF 分别比低效种高出 74％、52％和 59％（图 6-2 E），低氮高效品种在 20 DAF 和 30 DAF 比低效品种高出 36％和 40％（图 6-2 F）。从谷氨酸脱氢酶活性结果可以看出，高氮高效品种在 10 DAF、30 DAF 和 40 DAF 分别比低效品

种高出 85％、80％和 84％（图 6-2 G），低氮高效品种在 10 DAF、20 DAF 和 30 DA 分别比低效品种高出 123％、91％和 74％（图 6-2 H）。

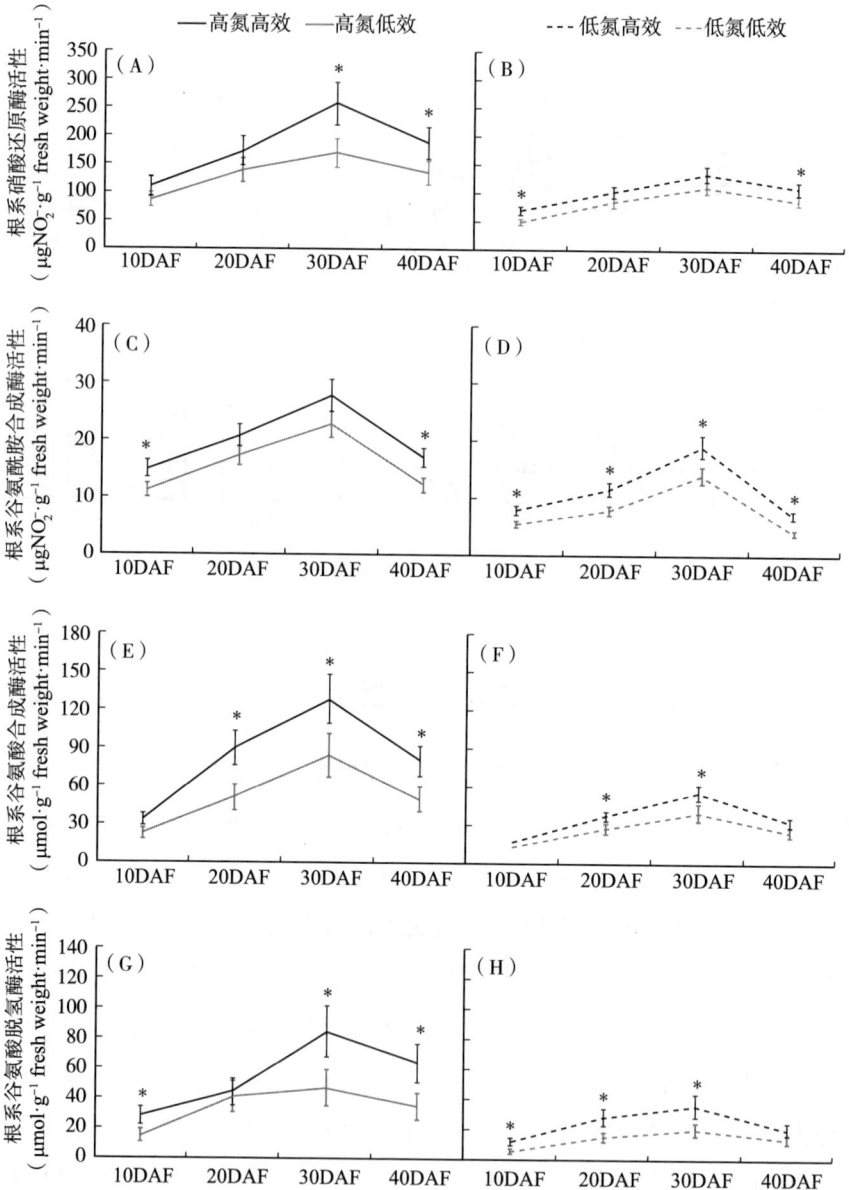

图 6-2　不同氮利用效率油菜花后 10～40d 根系硝酸还原酶（A、B）、谷氨酰胺合成酶（C、D）、谷氨酸合成酶（E、F）和谷氨酸脱氢酶（G、H）活性差异分析

注：折线图上面星号表示不同油菜品种之间存在显著差异（$P < 0.05$）。

6.3.4　硝酸盐转运蛋白基因表达量差异分析

为了更加深入探明不同氮利用效率油菜花后对于氮素吸收能力的差异，本试验在 10 DAF、20 DAF、30 DAF 和 40 DAF 分别测量 4 个品种根系 3 个低亲和转运蛋白和 3 个高亲和转运蛋白表达量（图 6-3，图 6-4）。

高氮高效品种 *BnNRT1.1* 在 30 DAF 比低效品种高出 30 倍，其他采样时期差异不显著（图 6-3 A），低氮高效品种 *BnNRT1.1* 则是在 4 个采样时期均比低效品种高出 14 倍、17 倍、12 倍和 9 倍（图 6-3 B）。对于根系 *BnNRT1.5* 来说，氮利用高效品种在 10 DAF 和 40 DAF 分别比低效品种高出 20 倍和 6 倍（图 6-3 C、D）。高氮高效品种 *BnBRT1.8* 在 30 DAF 和 40 DAF 分别比低效品种高出 3 倍和 4 倍（图 6-3 E），而低氮低效品种在 10 DAF、30 DAF 和 40 DAF 分别比低效品种高出 30 倍、25 倍和 15 倍（图 6-3 F）。

高氮高效品种 *BnNRT2.1* 在 10 DAF、20 DAF 和 30 DAF 分别比低效品种高出 30 倍、14 倍和 13 倍（图 6-4 A），低氮高效品种则在 4 个采样时期均比低效品种高出 10 倍、14 倍、6 倍和 13 倍（图 6-4 B）。对于根系 *BnNRT2.5* 来说，高氮高效品种在 20 DAF、30 DAF 和 40 DAF 分别比低效品种高出 40 倍、10 倍和 18 倍（图 6-4 C），低氮高效品种在 20 DAF 和 40 DAF 比低效品种高出 10 倍和 20 倍（图 6-4 D）。高氮高效品种 *BnNRT2.6* 在 10 DAF、20 DAF 和 30 DAF 分别比低效品种高出 40 倍、30 倍和 15 倍（图 6-4 E），低氮高效品种在 10 DAF、20 DAF 和 40 DAF 比低效品种高出 10 倍、8 倍和 7 倍（图 6-4 F）。

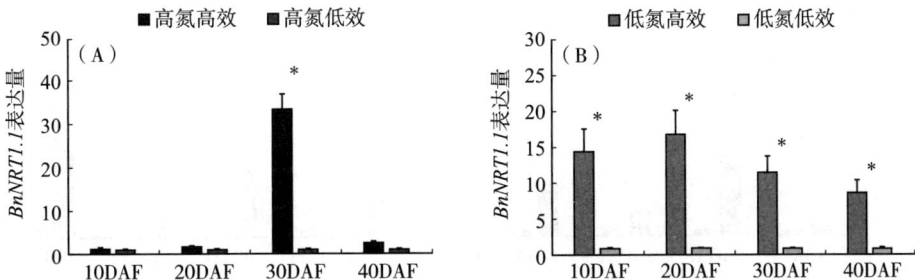

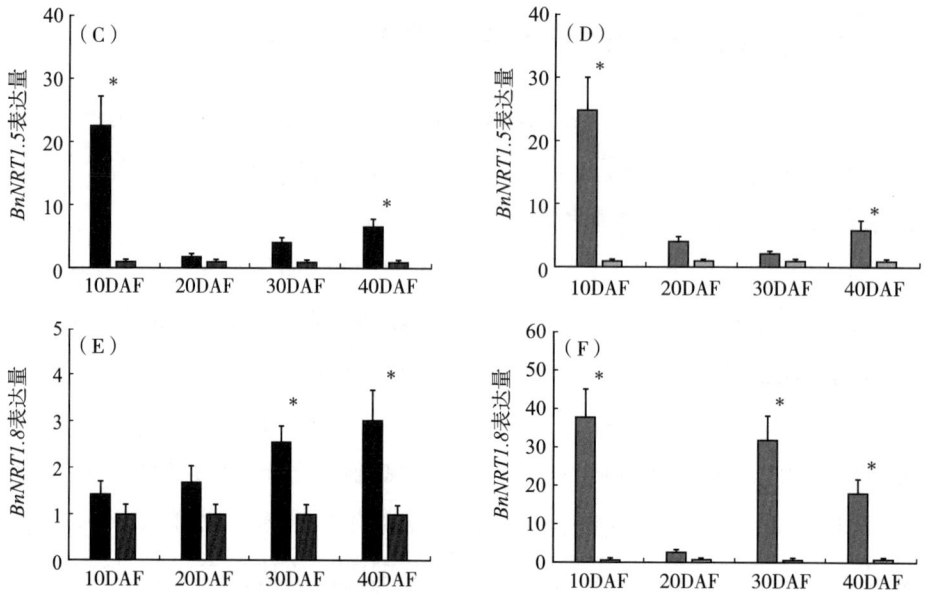

图 6-3 不同氮利用效率油菜花后 10~40d BnNRT1.1（A、B）、BnNRT1.5（C、D）和 BnNRT1.8（E、F）基因表达量差异分析

注：柱形图上面星号表示不同油菜品种之间存在显著差异（$P < 0.05$）。

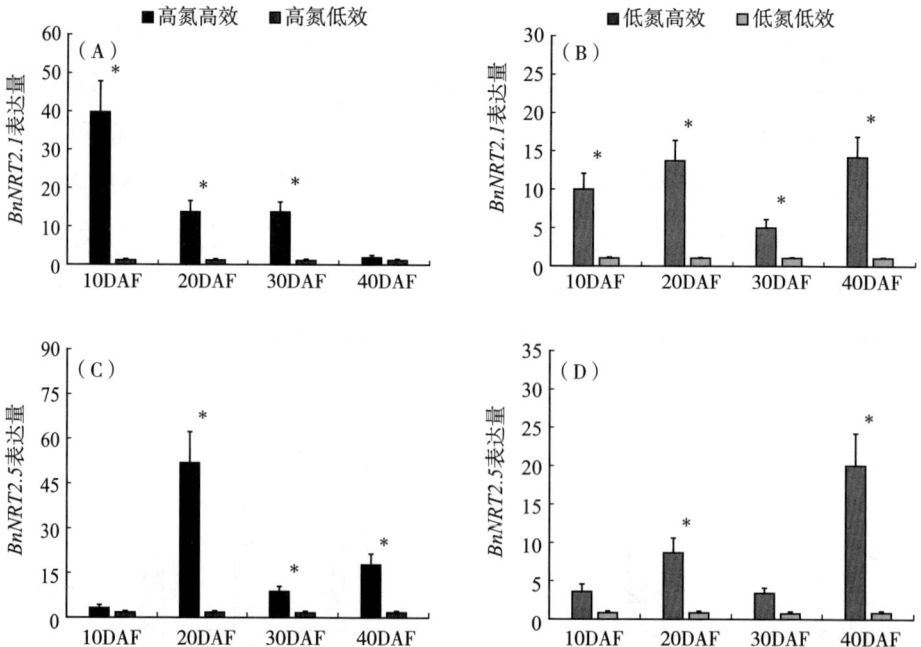

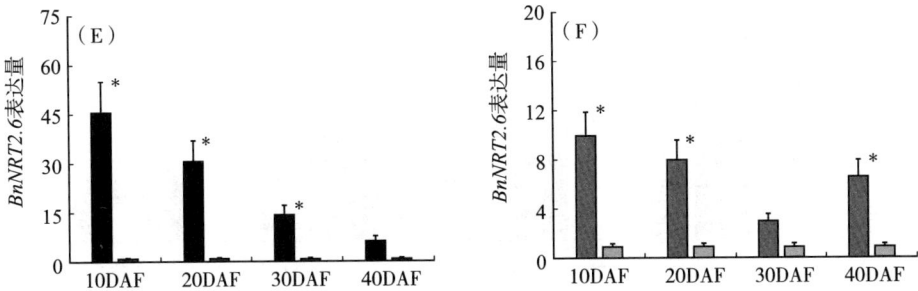

图 6-4　不同氮利用效率油菜花后 10～40d *BnNRT2.1*（A、B）、*BnNRT2.5*（C、D）、
BnNRT2.6（E、F）基因表达量差异分析
注：柱形图上面星号表示不同油菜品种之间存在显著差异（$P < 0.05$）。

6.3.5　根系抗氧化酶活性差异分析

在低氮条件下，氮利用高效品种过氧化氢酶活性在 10 DAF 比低效品种高出 4 倍；而在 30 DAF 氮利用高效品种比低效品种高出 2 倍（图 6-5 A、B）。在高氮条件下，氮利用高效品种过氧化物酶活性在 10 DAF 和 30 DAF 分别比低效品种高出 120% 和 29%（图 6-5 C、D）。根系超氧化物歧化酶活性只有在高氮条件下 10 DAF 时，氮利用高效品种才比低效品种高出 152%，其他情况下不同氮利用效率油菜间差异不显著（图 6-5 E、F）。高氮高效品种根系谷胱甘肽过氧化物酶活性在 10 DAF 比低效品种高出 91%；在低氮条件下，氮利用高效品种于 30 DAF 比低效品种高出 54%（图 6-5 G、H）。从根系抗坏血酸过氧化物酶活性结果可以看出，氮利用高效品种和低效品种在 10 DAF 时没有差异；在 30 DAF 时，氮利用高效品种比低效品种高出 100%（图 6-5 I、J）。

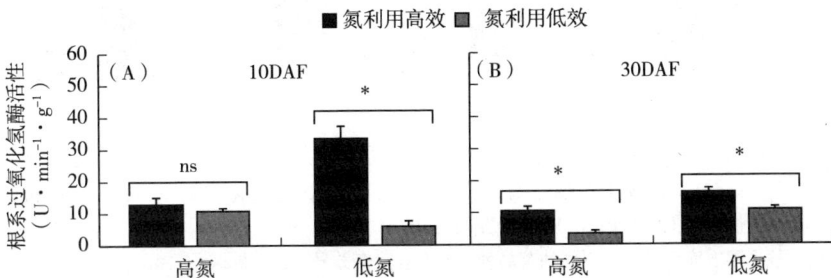

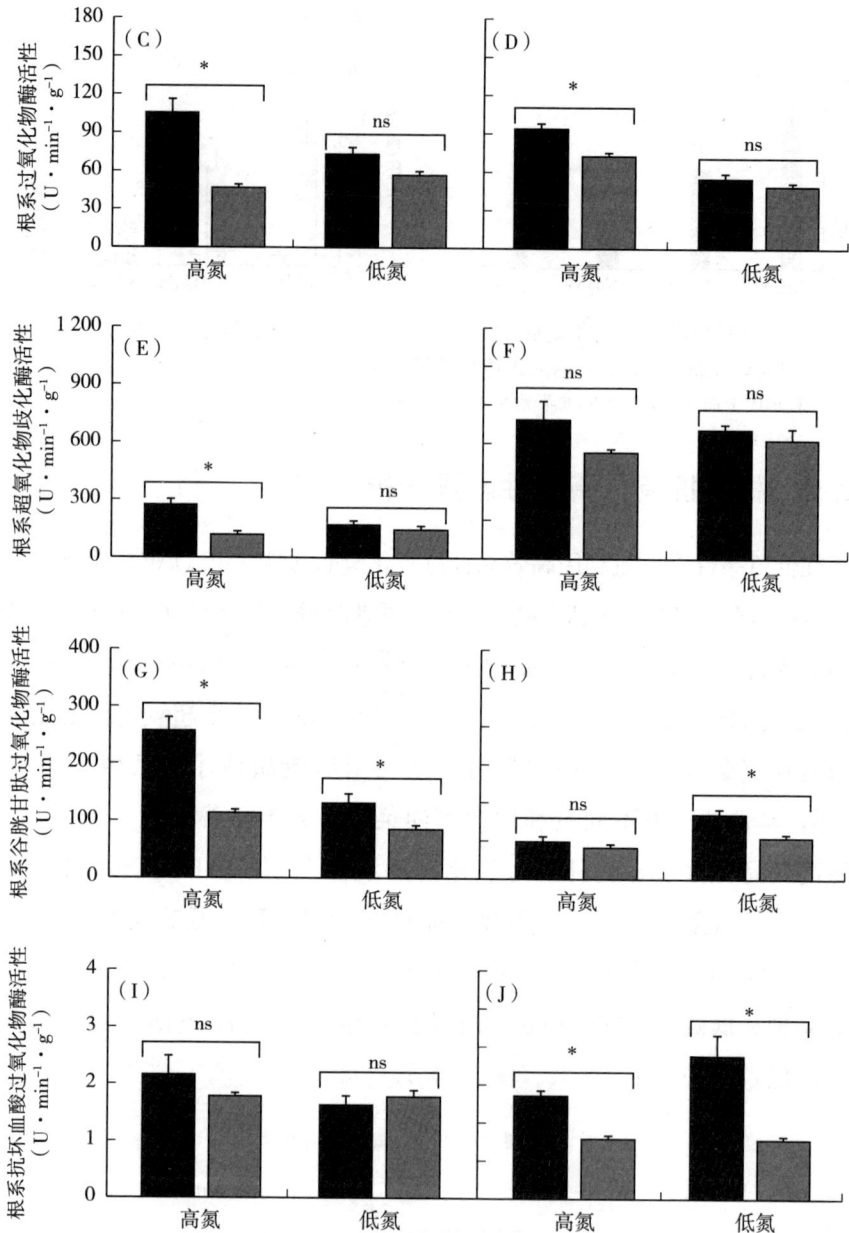

图 6-5　不同氮利用效率油菜花后 10d 和 30d 根系过氧化氢酶（A、B）、过氧化物酶（C、D）、超氧化物歧化酶（E、F）、谷胱甘肽过氧化物酶（G、H）和抗坏血酸过氧化物酶（I、J）活性差异分析

注：柱形图上面星号表示不同油菜品种之间存在显著差异（$P < 0.05$）。

6.4 讨论

本研究团队前期通过水培条件下 ^{15}N 同位素标记试验，已经证明引起不同氮利用效率油菜籽粒氮累积差异的主要原因是花后氮素吸收的不同。基于此，本试验进一步通过水培和沙培两年试验比较不同氮利用效率油菜花后根系生理特性的差异，以此来解释氮利用高效品种花后吸收更多氮素的原因。结果发现，相对于氮利用低效品种而言，高效品种花后有更强的根系构型、更高的氮代谢酶活性、更优的根系氮吸收动力学参数、更高的硝酸盐转运蛋白基因表达量和更强的抗衰老酶活性，在花后能够充分吸收和利用外界的氮素，直接运输并储存在种子中，最终有更高的籽粒氮累积量。

6.4.1 油菜花后氮素吸收对籽粒氮的贡献

作物成熟期籽粒中的氮素主要来自花后氮素再转移（即花前根系吸收的氮素并储存在营养器官）和开花后吸收的氮（即花后植物根系直接从外界吸收的氮）。本研究前期已经证明，花后氮吸收的差异是不同油菜籽粒氮累积量差异的主要原因，而不是花后氮素再转移。Bogard 等（2011）研究表明，增加花后氮素吸收一方面可以提高籽粒氮含量，另一方面也可以保证作物产量和氮利用效率。与此同时，Wang 等（2020）和 Ulas 等（2013）研究指出，油菜花后根系对于外界氮素的吸收可能是解释籽粒产量和氮利用效率遗传变异的重要参数。本研究结果表明，氮利用高效品种在开花之后有更强的根系构型，能够从外界环境中吸收更多的氮素，随后在角果充实阶段直接将根系吸收的氮素转移到油菜籽粒中（York et al.，2016；Guo et al.，2019）。除此之外，用氮吸收动力学参数作为判断根系对于氮素的吸收能力强弱已经在很多植物上被证实，比如：甘蔗（Hajari et al.，2014）、拟南芥（Helali et al.，2010）、水稻（Ferreira et al.，2015）和土豆（Zheng et al.，2016）。本研究发现，相较于氮利用低效品种而言，高效品种在花后 V_{max} 更高，表明氮高效品种在花后比低效品种有更强的氮吸收能力（Hao et al.，2014）；K_m 更低，说明氮高效品种对于营养液中氮的亲和力越强，根系吸收的氮素会更多（Griffiths et al.，2020）。在根系从外界吸收氮素的过程中，硝酸还原酶在硝酸盐同化调控中起着重要作用，之后氮素被谷氨酰胺合成酶催化（Simons et al.，2014）。谷氨酸合成酶和谷氨酸脱氢酶也已经被证明在氮代谢中有重要作用（Araus et al.，2016；Cormier et al.，2016）。由本研究结果还可以发现，氮利用高效品种根系氮代谢酶活性在开花之后明显高于低效品种，这表明氮利用高效品种在生殖生长阶段比低氮品种具有更大的硝酸盐吸收能力，从而有更多的氮素直接被输送储存到油菜籽粒中（York et al.，2016）。

植物根系对于外界氮素的吸收和转运，既有低亲和力转运系统（LATS），又有高亲和力转运系统（HATS）（Garnett et al.，2015a）。LATS 吸收硝酸盐主要涉及 NRT1 蛋白，而 NRT2 蛋白对 HATS 系统活性贡献最大（Tsay et al.，2007）。研究表明，在 *BnNRT1.1* 和 *BnNRT2.1* 中观察到最一致的表达水平增加，这表明 *NRT1.1* 和 *NRT2.1* 可能与拟南芥和其他植物中的转运蛋白一样，对氮的吸收起着重要作用（Dechorgnat et al.，2011）。Guo 等（2019）在水培条件下研究发现，油菜苗期根系中 *BnNRT1.1* 和 *BnNRT2.1* 基因表达量在不同氮利用效率油菜之间差异显著，并推测这可能是引起不同氮利用效率油菜氮素吸收差异的主要原因之一。Garnett 等（2015a）在水培条件下，比较不同玉米品种根系 *NRT1*、*NRT2* 和 *NRT3* 家族基因转录水平，发现不同氮利用效率油菜玉米之间基因表达量差异较大，推测这可能是造成氮吸收量差异的主要原因。目前，油菜中已有 5 个 *NRT1* 和 5 个 *NRT2* 基因被鉴定通过调控根系生长或者硝酸盐吸收，分别为：*BnNRT1.1*、*BnNRT1.2*、*BnNRT1.3*、*BnNRT1.5* 和 *BnNRT1.8*，*BnNRT2.1*、*BnNRT2.2*、*BnNRT2.5*、*BnNRT2.6* 和 *BnNRT2.7*。本研究选取具有代表性的 3 个 *NRT1* 家族成员［*BnNRT1.1*（Leblanc et al.，2008），*BnNRT1.5*（Le

Ny et al.，2013）和 *BnNRT1.8*（Han et al.，2016）] 和 3 个 *NRT2* 家族成员［*BnNRT2.1*（Leblanc et al.，2008），*BnNRT2.5*（Wang et al.，2014a）和 *BnNRT2.6*（Wang et al.，2014a）]，观测硝酸盐转运蛋白基因表达量在不同品种根系中是否存在差异。研究结果表明，不同氮利用效率油菜开花之后根系转运蛋白活性差异显著，氮利用高效品种花后根系硝酸盐转运蛋白基因表达量显著高于低效品种，这表明氮利用高效品种在花后有更强的吸收特性，对干物质积累和转运有较大影响，氮素吸收和转移量更大（DeBruin et al.，2013；Xing et al.，2019）。

6.4.2　花后根系衰老对氮素吸收的影响

大量研究表明，活性氧（reactive oxygen species，ROS）是众所周知的植物代谢中的有毒物质，可通过膜脂和蛋白质的氧化损伤来干扰细胞的正常活动，从而显著影响叶片衰老（Wang et al.，2016b；Chen et al.，2017；Ramkumar et al.，2019）。Wu 等（2018a）研究表明，抗氧化酶系统在清除 ROS 中起着重要作用，包括超氧化物歧化酶（SOD）、过氧化物酶（POD）、过氧化氢酶（CAT）、抗坏血酸过氧化物酶（APX）和其他还原酶。Panda 等（2013）研究表明，抗氧化酶，包括超氧化物歧化酶（SOD）、过氧化氢酶（CAT）、过氧化物酶（POD）和抗坏血酸过氧化物酶（APX）在清除活性氧过程中起到至关重要的作用，同时还有助于植物继续生长。目前已经有大量关于抗氧化酶和衰老之间的研究集中在植物地上部，尤其是在叶片上面（Ramkumar et al.，2019；Clement et al.，2018；Yang et al.，2017a），然而关于植物根部衰老方面的研究很少，尽管植物根系对于地上部的贡献无与伦比（Schippers et al.，2015；Liu et al.，2019）。在农业生产过程中，与衰老相关的过程决定了作物根系的寿命，并且花后对于外界养分的吸收与根系活性也是密切相关（Liu et al.，2019；Chen et al.，2015b；Guan et al.，2014）。更为深入全面地了解根系衰老可能有助于植物育种家制定管理根系功能的策略，因为延缓根系衰老将有助于在花后根系活力下降时保持高水平的氮素吸收。Liu 等

（2018）研究表明，传统移栽水稻表现出更强的根系活性，从而延缓根系衰老，提高了植株对水分和养分的吸收能力。本研究结果表明，氮利用高效品种花后根系抗氧化酶活性明显高于低效品种，这表明高效品种根系细胞中的活性氧降低，从而增强膜的稳定性和渗透平衡（Santiago et al.，2019；Nahar et al.，2017）。与此同时，氮利用高效品种根系在开花之后表现出较慢的衰老速率，有助于让根系保持更久的活力，吸收更多的氮素用于地上部籽粒的累积，这部分研究内容从根系衰老方面解释氮利用高效品种在开花之后根系吸收氮素的能力显著高于低效品种。

6.5 小结

本研究表明，不同氮利用效率油菜成熟期籽粒氮素积累的差异是由开花后根系对氮素吸收的不同引起。育种者可以考虑通过提高油菜开花之后的根系性状，如根系形态参数、氮代谢酶活性、硝酸盐转运蛋白基因表达量和抗氧化酶活性，来培养出具有较高籽粒氮素积累植物类型。而更高的籽粒氮素积累量又会提高氮收获指数，最终提高油菜氮利用效率。

第7章 主要结论、创新点与研究展望 /////

7.1 主要结论

为了获得高产，在油菜生产中开始大量施用氮肥，这不仅提高了生产成本，还造成了环境氮的盈余。基于此，减少氮肥投入不仅节约经济成本，同时能降低由此带来的生态与环境风险。培育氮高效油菜品种来提高氮素营养效率是降低氮肥用量、促进油菜生产绿色高效和可持续发展的一条重要途径。然而，目前关于探究油菜高效利用氮素的生理机制方面的研究结果相当有限。本研究以不同氮利用效率油菜为对象，通过田间试验、盆栽试验、水培试验和沙培试验系统探究造成油菜氮利用效率差异的主要原因，揭示油菜高效利用氮素的生理机制，为选育氮高效作物新品种提供科学依据。本研究主要得到以下结果：

（1）田间和盆栽条件下发现，不同氮利用效率油菜氮利用效率和氮收获指数以及收获指数显著正相关。氮利用高效品种有更高的籽粒产量以及籽粒氮累积量，但地上部生物量和地上部氮累积量在不同氮利用效率油菜之间没有差异。

（2）田间和水培条件下发现，不同氮利用效率油菜生长特性在盛花期发生转变。盛花期之前，氮利用低效品种生长趋势明显高于高效品种；盛花期之后，则是氮利用高效品种表现出更强的生长活力。

（3）田间和盆栽条件下发现，氮利用高效油菜展现出更高的花粉数目和花粉活力，有更低的胚珠败育率，有更高的每角粒数，进而有更高的籽粒产量。此外，不同氮利用效率油菜每角粒数发生差异的关键时期是心形期。

（4）水培条件下用 ^{15}N 同位素标记发现，引起不同氮利用效率油菜籽粒氮累积量差异的主要原因是花后氮素吸收的不同。氮利用高效品种花后氮吸收显著高于低效品种，而花后氮素再转移在不同氮利用效率油菜之间差异不显著。

（5）水培和沙培条件下发现，氮利用高效品种开花之后展现出更高的根系氮代谢酶活性、氮吸收动力学参数、硝酸盐转运蛋白基因表达量和抗氧化酶活性，从而在花后具备更强的氮素吸收能力。

综上所述，盛花期是氮利用高效油菜生长的转折期，花粉数目和花粉活力通过影响胚珠败育率、每角粒数影响籽粒产量，从而决定氮素利用效率。另外，氮利用高效品种在开花之后拥有更强的根系生理特性，因而有更强的氮素吸收能力，吸收更多的氮素储存进籽粒，进而有更高的籽粒氮累积量和氮收获指数，最终有更高的氮利用效率（图 7-1）。

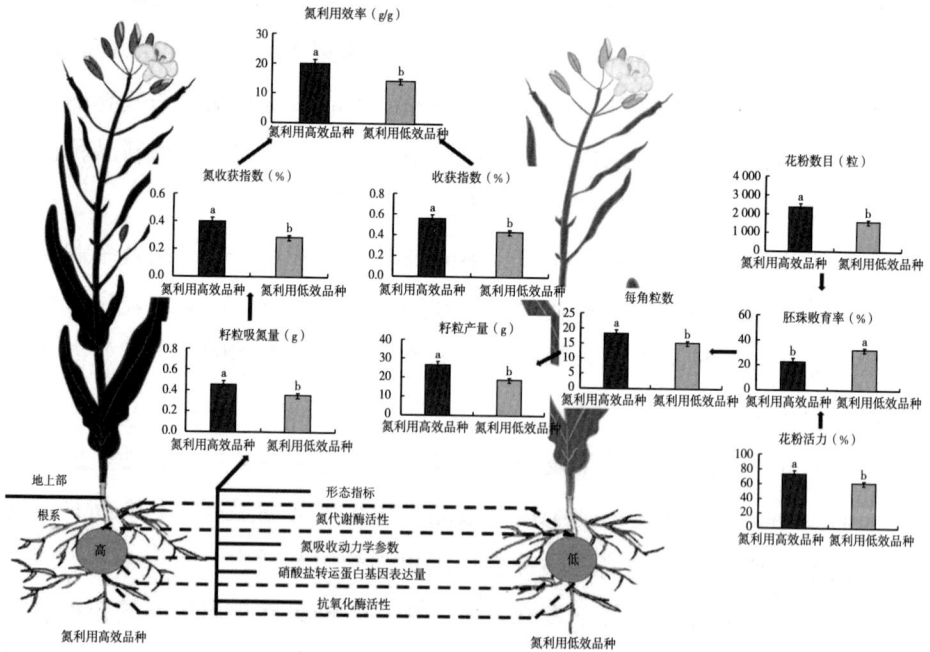

图 7-1　油菜高效利用氮素生理特性

7.2　创新点

（1）发现盛花期是氮利用高效油菜生长的转折期，花粉数目和花粉活力通过影响胚珠败育率、每角粒数影响籽粒产量，从而决定氮素利用效率。

（2）通过^{15}N 同位素标记，明确不同氮利用效率油菜籽粒氮累积量差异是花后根系吸收氮素不同造成的。进一步研究表明，氮利用高效品种花后根系氮素吸收能力更强，从而吸收更多的氮素储藏进籽粒。

7.3　研究展望

（1）本研究明确氮利用效率与籽粒氮累积量和籽粒产量两个性状都显著正相关，并且已从生理角度解释氮利用高效品种籽粒氮累积量显著高于低效品种的原因。但是，关于从籽粒产量角度来解释油菜高效利用氮素仅仅提出花粉数目和花粉活力是影响产量形成的重要原因。后续的研究重点可以尝试在开花前期供给更多的氮素，提高花粉数目和花粉活力，从而提高每角粒数和籽粒产量，最终提高油菜氮利用效率；此外，也可以从分子生物学角度筛选和胚珠败育相关的基因，从遗传学角度降低油菜胚珠败育率，从而提高每角粒数和籽粒产量，最终提高油菜氮利用效率。

（2）氮利用高效品种花后吸收氮素对于籽粒氮的贡献显著高于低效品种。但是根系吸收的氮素只有一部分运输进籽粒，提高花后根系吸收氮素运输到籽粒的比例可作为下一个目标。研究内容可以从生理角度采用石蜡切片技术系统采集维管束、木质部、韧皮部相关数据来分析比较油菜花后根系输导组织结构差异对于氮素运输的影响；与此同时，通过分子生物学技术筛选花后吸收氮素运输进籽粒这一过程关键基因，从遗传学角度提高花后根系吸收氮素直接运输到籽粒的比例，最终实现提高油菜氮利用效率。

参考文献

REFERENCES

陈历儒，2009. 不同品种油菜对不同供氮水平的反应差异研究 [D]. 长沙：湖南农业大学.

韩永亮，2015. 不同氮效率油菜 NO_3^- 长距离运输和短途分配差异及其对氮效率的影响机理 [D]. 长沙：湖南农业大学.

贺慧英，2018. 甘蓝型油菜氮素利用的基因型差异及其生理机制 [D]. 杨陵：西北农林科技大学.

田飞，2011. 油菜氮高效种质的筛选及高效机制 [D]. 武汉：华中农业大学.

王改丽，2014. 新型甘蓝型油菜氮高效种质的筛选及其氮高效机制的研究 [D]. 武汉：华中农业大学.

王威，张联合，李华，等，2015. 水稻营养吸收和转运的分子机制研究进展 [J]. 中国科学：生命科学，45（6）：569-590.

朱海兰，李佳洲，郭肖，等，2019. 一种利用光合作用测定系统测定不同时期植物种子、果实光合作用的方法 [P]. 中国发明专利：CN201810778285. X，01-04.

ABID M，TIAN Z W，ATA - UL - KARIM S T，et al.，2016. Nitrogen nutrition improves the potential of wheat（*Triticum aestivum* L.）to alleviate the effects of drought stress during vegetative growth periods [J]. Frontiers in plant science，7：981.

ADAMS M A，BUCKLEY T N，SALTER W T，et al.，2018. Contrasting responses of crop legumes and cereals to nitrogen availability [J]. New phytologist，217：1475-1483.

ALBORNOZ F，2016. Crop responses to nitrogen overfertilization：a review [J]. Scientia horticulturae，205：79-83.

ALMAGRO A，LIN S H，TSAY Y F，2008. Characterization of the *Arabidopsis* nitrate transporter NRT1. 6 reveals a role of nitrate in early embryo development [J]. The plant cell, 20: 3289 - 3299.

ANDERSON J T, WAGNER M R, RUSHWORTH C A, et al., 2014. The evolution of quantitative traits in complex environments [J]. Heredity, 112: 4 - 12.

ANDRIOTIS V M, PIKE M J, KULAR B, et al., 2010. Starch turnover in developing oilseed embryos [J]. New phytologist, 187: 791 - 804.

ANJANA, UMAR S, ABROL Y P, et al., 2011. Modulation of nitrogen - utilization efficiency in wheat genotypes differing in nitrate reductase activity [J]. Journal of plant nutrition, 34: 920 - 933.

ARAUS V, VIDAL E A, PUELMA T, et al., 2016. Members of BTB gene family of scaffold proteins suppress nitrate uptake and nitrogen use efficiency [J]. Plant physiology, 171: 1523 - 1532.

ARIFUZZAMAN M, MAMIDI S, MCCLEAN P, et al., 2016. QTL mapping for root vigor and days to flowering in *Brassica napus* L. [J]. Canadian journal of plant science, 97: 99 - 109.

ASCHEHOUG E T, BROOKER R, ATWATER D Z, et al., 2016. The mechanisms and consequences of interspecific competition among plants [J]. Annual review of ecology, Evolution, and Systematics, 47: 263 - 281.

AVICE J C, ETIENNE P, 2014. Leaf senescence and nitrogen remobilization efficiency in oilseed rape (*Brassica napus* L.) [J]. Journal of experimental botany, 65: 3813 - 3824.

BALINT T, RENGEL Z, 2008. Nitrogen efficiency of canola genotypes varies between vegetative stage and grain maturity [J]. Euphytica, 164: 421 - 432.

BALINT T, RENGEL Z, 2011. Nitrogen and sulfur uptake and remobilisation in canola genotypes with varied N - and S - use efficiency differ at vegetative and maturity stages [J]. Crop & pasture science, 62: 299 - 312.

BARBOTTIN A, LECOMTE C, BOUCHARD C, et al., 2005. Nitrogen remobilization during grain filling in wheat [J]. Crop science, 45: 1141.

BARLOG P, GRZEBISZ W, 2004. Effect of timing and nitrogen fertilizer application on winter oilseed rape (*Brassica napus* L.). II. nitrogen uptake dynamics and fertilizer efficiency [J]. Journal of agronomy and crop science, 190: 314 - 323.

BENNETT E J, ROBERTS J A, WAGSTAFF C, 2011. The role of the pod in seed development：strategies for manipulating yield [J]. New phytologist，190：838 – 853.

BERNARD S M，HABASH D Z，2009. The importance of cytosolic glutamine synthetase in nitrogen assimilation and recycling [J]. New phytologist，182：608 – 620.

BERRY P M，SPINK J，FOULKES M J，et al.，2010. The physiological basis of genotypic differences in nitrogen use efficiency in oilseed rape (*Brassica napus* L.) [J]. Field crops research，119：365 – 373.

BOGARD M，ALLARD V，BRANCOURT – HULMEL M，et al.，2010. Deviation from the grain protein concentration – grain yield negative relationship is highly correlated to post – anthesis N uptake in winter wheat [J]. Journal of experimental botany，61：4303 – 4312.

BOGARD M，JOURDAN M，ALLARD V，et al.，2011. Anthesis date mainly explained correlations between post – anthesis leaf senescence，grain yield，and grain protein concentration in a winter wheat population segregating for flowering time QTLs [J]. Journal of experimental botany，62：3621 – 3636.

BORRELL A，HAMMER G，VAN OOSTEROM E，2001. Stay – green：a consequence of the balance between supply and demand for nitrogen during grain filling? [J]. Annals of applied biology，138：91 – 95.

BOUCHET A S，LAPERCHE A，BISSUEL – BELAYGUE C，et al.，2016a. Genetic basis of nitrogen use efficiency and yield stability across environments in winter rapeseed [J]. BMC genetics，17：131.

BOUCHET A S，LAPERCHE A，BISSUEL – BELAYGUE C，et al.，2016b. Nitrogen use efficiency in rapeseed：a review [J]. Agronomy for sustainable development，36：38.

BYUN M Y，CUI L H，LEE J，et al.，2018. Identification of rice genes associated with enhanced cold tolerance by comparative transcriptome analysis with two transgenic rice plants overexpressing DaCBF4 or DaCBF7，isolated from antarctic flowering plant *Deschampsia antarctica* [J]. Frontiers in plant science，9：601.

CAI C，WANG J Y，ZHU Y G，et al.，2008. Gene structure and expression of the high – affinity nitrate transport system in rice roots [J]. Journal of integrative plant biology，50：443 – 451.

CAI Y P，CHEN L，LIU X J，et al.，2018. CRISPR/Cas9 – mediated targeted mutagenesis of GmFT2a delays flowering time in soya bean [J]. Plant biotechnology journal, 16: 176 – 185.

CALVINO A, 2014. Effects of ovule and seed abortion on brood size and fruit costs in the leguminous shrub *Caesalpinia gilliesii* (Wall. ex Hook.) D. Dietr [J]. Acta botanica brasilica, 28: 59 – 67.

CHARDON F, BARTHELEMY J, DANIEL – VEDELE F, et al. , 2010. Natural variation of nitrate uptake and nitrogen use efficiency in *Arabidopsis thaliana* cultivated with limiting and ample nitrogen supply [J]. Journal of experimental botany, 61: 2293 – 2302.

CHARDON F, NOEL V, MASCLAUX – DAUBRESSE C, 2012. Exploring NUE in crops and in *Arabidopsis* ideotypes to improve yield and seed quality [J]. Journal of experimental botany, 63: 3401 – 3412.

CHEN J G, ZHANG Y, TAN Y W, et al. , 2016. Agronomic nitrogen – use efficiency of rice can be increased by driving OsNRT2. 1 expression with the OsNAR2. 1 promoter [J]. Plant biotechnology journal, 14: 1705 – 1715.

CHEN L, CHEN L, ZHANG X, et al. , 2018. Identification of miRNAs that regulate silique development in *Brassica napus* [J]. Plant science, 269: 106 – 117.

CHEN M, CHEN J J, FANG J Y, et al. , 2014. Down – regulation of S – adenosylmethionine decarboxylase genes results in reduced plant length, pollen viability, and abiotic stress tolerance [J]. Plant cell, tissue and organ culture, 116: 311 – 322.

CHEN Q Q, NIU F F, YAN J L, et al. , 2017. Oilseed rape NAC56 transcription factor modulates reactive oxygen species accumulation and hypersensitive response – like cell death [J]. Physiologia plantarum, 160: 209 – 221.

CHEN Y L, XIAO C X, WU D L, et al. , 2015a. Effects of nitrogen application rate on grain yield and grain nitrogen concentration in two maize hybrids with contrasting nitrogen remobilization efficiency [J]. European journal of agronomy, 62: 79 – 89.

CHEN Y L, ZHANG J, LI Q, et al. , 2015b. Effects of nitrogen application on post – silking root senescence and yield of maize [J]. Agronomy journal, 107: 835.

CHIU C C, LIN C S, HSIA A P, et al. , 2004. Mutation of a nitrate transporter, At-NRT1: 4, results in a reduced petiole nitrate content and altered leaf development [J]. Plant and cell physiology, 45: 1139 – 1148.

CLEMENT G, MOISON M, SOULAY F, et al., 2018. Metabolomics of laminae and midvein during leaf senescence and source – sink metabolite management in *Brassica napus* L. leaves [J]. Journal of experimental botany, 69: 891 – 903.

COELLO P, MARTINEZ – BARAJAS E, 2016. Changes in nutrient distribution are part of the mechanism that promotes seed development under severe nutrient restriction [J]. Plant physiology and biochemistry, 99: 21 – 26.

COQUE M, GALLAIS A, 2007. Genetic variation for nitrogen remobilization and postsilking nitrogen uptake in maize recombinant inbred lines: heritabilities and correlations among traits [J]. Crop science, 47: 1787 – 1796.

COQUE M, MARTIN A, VEYRIERAS J B, et al., 2008. Genetic variation for N – remobilization and postsilking N – uptake in a set of maize recombinant inbred lines. 3. QTL detection and coincidences [J]. Theoretical and applied genetics, 117: 729 – 747.

CORMIER F, FOULKES J, HIREL B, et al., 2016. Breeding for increased nitrogen – use efficiency: a review for wheat (*T. aestivum* L.) [J]. Plant breeding, 135: 255 – 278.

CRAWFORD N M, FORDE B G, 2002. Molecular and developmental biology of inorganic nitrogen nutrition [J]. Arabidopsis book, 1: e0011.

DAI S, KAI W, LIANG B, et al., 2018. The functional analysis of SlNCED1 in tomato pollen development [J]. Cellular and molecular life sciences, 71: 3457 – 3472.

DAMGAARD C, WEINER J, 2017. It's about time: a critique of macroecological inferences concerning plant competition [J]. Trends in ecology & evolution, 32: 86 – 87.

DAMIANOS S S, NIKOLAOS V P, KONSTANTINOS A P, et al., 2006. Abiotic stress generates ROS that signal expression of anionic glutamate dehydrogenases to form glutamate for proline synthesis in tobacco and grapevine [J]. The plant cell, 18: 2767 – 2781.

DEBRUIN J, MESSINA C D, MUNARO E, et al., 2013. N distribution in maize plant as a marker for grain yield and limits on its remobilization after flowering [J]. Plant breeding, 132: 500 – 505.

DECHORGNAT J, NGUYEN C T, ARMENGAUD P, et al., 2011. From the soil to the seeds: the long journey of nitrate in plants [J]. Journal of experimental botany, 62: 1349 – 1359.

DJAMAN K, BADO B V, MEL V, 2016. Yield and nitrogen use efficiency of aromatic rice varieties in response to nitrogen fertilizer [J]. Emirates journal of food and agriculture, 28: 126 – 135.

DOLFERUS R, 2014. To grow or not to grow: a stressful decision for plants [J]. Plant science, 229: 247 – 261.

DONG H L, TAN C D, LI Y Z, et al., 2018. Genome – wide association study reveals both overlapping and independent genetic loci to control seed weight and silique length in *Brassica napus* [J]. Frontiers in plant science, 9: 921.

EGHBALL B, MARANVILLE J W, 2008. Interactive effects of water and nitrogen stresses on nitrogen utilization efficiency, leaf water status and yield of corn genotypes [J]. Communications in soil science and plant analysis, 22: 1367 – 1382.

EHRLEN J, 2015. Selection on flowering time in a life – cycle context [J]. Oikos, 124: 92 – 101.

FAGERIA N K, 2014. Nitrogen harvest index and its association with crop yields [J]. Journal of plant nutrition, 37: 795 – 810.

FAN S C, LIN C S, HSU P K, et al., 2009. The *Arabidopsis* nitrate transporter NRT1. 7, expressed in phloem, is responsible for source – to – sink remobilization of nitrate [J]. The plant cell, 21: 2750 – 2761.

FAN X, JIA L, LI Y, et al., 2007. Comparing nitrate storage and remobilization in two rice cultivars that differ in their nitrogen use efficiency [J]. Journal of experimental botany, 58: 1729 – 1740.

FAN X R, FENG H M, TAN Y W, et al., 2016. A putative 6 – transmembrane nitrate transporter OsNRT1. 1b plays a key role in rice under low nitrogen [J]. Journal of integrative plant biology, 58: 590 – 599.

FAN X R, NAZ M, FAN X R, et al., 2017a. Plant nitrate transporters: from gene function to application [J]. Journal of experimental botany, 68: 2463 – 2475.

FAN X R, TANG Z, TAN Y W, et al., 2017b. Overexpression of a pH – sensitive nitrate transporter in rice increases crop yields [J]. Proceedings of the national academy of sciences, 114: E7650.

FENG H M, YAN M, FAN X R, et al., 2011. Spatial expression and regulation of rice high – affinity nitrate transporters by nitrogen and carbon status [J]. Journal of experimental botany, 62: 2319 – 2332.

FERNANDEZ J A, NIPPERT J B, CIAMPITTI I A, 2020. Dynamics of post - flowering nitrogen uptake and nitrogen recovery efficiency using ^{15}N isotope labeling in corn [J]. Kansas agricultural experiment station research reports, 6.

FERREIRA L M, DE SOUZA V M, TAVARES O C H, et al., 2015. OsAMT1. 3 expression alters rice ammonium uptake kinetics and root morphology [J]. Plant biotechnology reports, 9: 221 - 229.

FRAK E, MILLARD P, LE ROUX X, et al., 2002. Coupling sap flow velocity and amino acid concentrations as an alternative method to ^{15}N labeling for quantifying nitrogen remobilization by walnut trees [J]. Plant physiology, 130: 1043 - 1053.

FU S, YIN L, XU M, et al., 2018. Maternal doubled haploid production in interploidy hybridization between *Brassica napus* and *Brassica allooctaploids* [J]. Planta, 247: 113 - 125.

GAJU O, ALLARD V, MARTRE P, et al., 2014. Nitrogen partitioning and remobilization in relation to leaf senescence, grain yield and grain nitrogen concentration in wheat cultivars [J]. Field crops research, 155: 213 - 223.

GARNETT T, PLETT D, CONN V, et al., 2015a. Variation for N uptake system in maize: genotypic response to N supply [J]. Frontiers in plant science, 6: 936.

GARNETT T, PLETT D, HEUER S, et al., 2015b. Genetic approaches to enhancing nitrogen - use efficiency (NUE) in cereals: challenges and future directions [J]. Functional plant biology, 42: 921.

GHATE T, DESHPANDE S, BHARGAVA S, 2017. Accumulation of stem sugar and its remobilisation in response to drought stress in a sweet sorghum genotype and its near - isogenic lines carrying different stay - green loci [J]. Plant biology, 19: 396 - 405.

GOMBERT J, LE DILY F, LOTHIER J, et al., 2010. Effect of nitrogen fertilization on nitrogen dynamics in oilseed rape using ^{15}N - labeling field experiment [J]. Journal of plant nutrition and soil science, 173: 875 - 884.

GOMEZ N V, MIRALLES D J, 2011. Factors that modify early and late reproductive phases in oilseed rape (*Brassica napus* L.): its impact on seed yield and oil content [J]. Industrial crops and products, 34: 1277 - 1285.

GOOD A G, SHRAWAT A K, MUENCH D G, 2004. Can less yield more? Is reducing nutrient input into the environment compatible with maintaining crop production? [J].

Trends in plant science, 9: 597 – 605.

GREGERSEN P L, CULETIC A, BOSCHIAN L, et al., 2013. Plant senescence and crop productivity [J]. Plant molecular biology, 82: 603 – 622.

GRIFFITHS M, YORK L M, 2020. Targeting root ion uptake kinetics to increase plant productivity and nutrient use efficiency [J]. Plant physiology, 182: 1854 – 1868.

GU J F, CHEN Y, ZHANG H, et al., 2017. Canopy light and nitrogen distributions are related to grain yield and nitrogen use efficiency in rice [J]. Field crops research, 206: 74 – 85.

GUAN D H, AL – KAISI M M, ZHANG Y S, et al., 2014. Tillage practices affect biomass and grain yield through regulating root growth, root – bleeding sap and nutrients uptake in summer maize [J]. Field crops research, 157: 89 – 97.

GUO H, YORK L M, 2019. Maize with fewer nodal roots allocates mass to more lateral and deep roots that improve nitrogen uptake and shoot growth [J]. Journal of experimental botany, 70: 5299 – 5309.

GUO X, HE H Y, AN R, et al., 2019. Nitrogen use – inefficient oilseed rape genotypes exhibit stronger growth potency during the vegetative growth stage [J]. Acta physiologiae plantarum, 41: 175.

GUO X, NAN Y Y, HE H Y, et al., 2021. Post – flowering nitrogen uptake leads to the genotypic variation in seed nitrogen accumulation of oilseed rape [J]. Plant and soil, 461: 281 – 294.

GUPTA N, GUPTA A K, GAUR V S, et al., 2012. Relationship of nitrogen use efficiency with the activities of enzymes involved in nitrogen uptake and assimilation of finger millet genotypes grown under different nitrogen inputs [J]. The scientific world journal: 625731.

HAJARI E, SNYMAN S J, WATT M P, 2014. Inorganic nitrogen uptake kinetics of sugarcane (*Saccharum* spp.) varieties under in vitro conditions with varying N supply [J]. Plant cell, tissue and organ culture, 117: 361 – 371.

HAN Y L, SONG H X, LIAO Q, et al., 2016. Nitrogen use efficiency is mediated by vacuolar nitrate sequestration capacity in roots of *Brassica napus* [J]. Plant physiology, 170: 1684 – 1698.

HAO Y S, LEI J, WANG Q L, et al., 2014. Two typical K – efficiency cotton genotypes differ in potassium absorption kinetic parameters and patterns [J]. Acta Agriculturae Scandinavica, Section B—soil & plant science, 65: 45 - 53.

HAVE M, MARMAGNE A, CHARDON F, et al., 2017. Nitrogen remobilization during leaf senescence: lessons from *Arabidopsis* to crops [J]. Journal of experimental botany, 68: 2513 - 2529.

HAWKESFORD M J, 2017. Genetic variation in traits for nitrogen use efficiency in wheat [J]. Journal of experimental botany, 68: 2627 - 2632.

HE H Y, YANG R, LI Y J, et al., 2017. Genotypic variation in nitrogen utilization efficiency of oilseed rape (*Brassica napus*) under contrasting N supply in pot and field experiments [J]. Frontiers in plant science, 8: 1825.

HEHENBERGER E, KRADOLFER D, KOHLER C, 2012. Endosperm cellularization defines an important developmental transition for embryo development [J]. Development, 139: 2031 - 2039.

HELALI S M, NEBLI H, KADDOUR R, et al., 2010. Influence of nitrate - ammonium ratio on growth and nutrition of *Arabidopsis thaliana* [J]. Plant and soil, 336: 65 - 74.

HIREL B, LE GOUIS J, NEY B, et al., 2007. The challenge of improving nitrogen use efficiency in crop plants: towards a more central role for genetic variability and quantitative genetics within integrated approaches [J]. Journal of experimental botany, 58: 2369 - 2387.

HITZ K, CLARK A J, VAN SANFORD D A, 2016. Identifying nitrogen - use efficient soft red winter wheat lines in high and low nitrogen environments [J]. Field crops research, 200: 1 - 9.

HSU P K, TSAY Y F, 2013. Two phloem nitrate transporters, NRT1. 11 and NRT1. 12, are important for redistributing xylem - borne nitrate to enhance plant growth [J]. Plant physiology, 163: 844 - 856.

HU B, WANG W, OU S J, et al., 2015. Variation in NRT1. 1B contributes to nitrate - use divergence between rice subspecies [J]. Nature genetics, 47: 834 - 838.

HU T Z, CAO K M, XIA M, et al., 2006. Functional characterization of a putative nitrate transporter gene promoter from rice [J]. Acta biochimica et biophysica sinica, 38: 795 - 802.

HUA W, LI R J, ZHAN G M, et al., 2012. Maternal control of seed oil content in *Bras-*

sica napus: the role of silique wall photosynthesis [J]. The plant journal, 69: 432 - 444.

HUANG N C, LIU K N, LO H J, et al. , 1999. Cloning and functional characterization of an *Arabidopsis* nitrate transporter gene that encodes a constitutive component of low - affinity uptake [J]. The plant cell, 11.

HUNTER M C, SMITH R G, SCHIPANSKI M E, et al. , 2017. Agriculture in 2050: recalibrating targets for sustainable intensification [J]. Bioscience, 67: 386 - 391.

HUSTED S, MATTSSON M, MOLLERS C, et al. , 2002. Photorespiratory NH_4^+ production in leaves of wild - type and glutamine synthetase 2 antisense oilseed rape [J]. Plant physiology, 130: 989 - 998.

IQBAL A, DONG Q, ALAMZEB M, et al. , 2020a. Untangling the molecular mechanisms and functions of nitrate to improve nitrogen use efficiency [J]. Journal of the science of food and agriculture, 100: 904 - 914.

IQBAL A, DONG Q, WANG X R, et al. , 2020b. Nitrogen preference and genetic variation of cotton genotypes for nitrogen use efficiency [J]. Journal of the science of food and agriculture.

ISODA A, MAO H X, LI Z Y, et al. , 2010. Growth of high - yielding soybeans and its relation to air temperature in Xinjiang, China [J]. Plant production science, 13: 209 - 217.

JALIL SHESHBAHREH M, MOVAHHEDI DEHNAVI M, SALEHI A, et al. , 2019. Effect of irrigation regimes and nitrogen sources on biomass production, water and nitrogen use efficiency and nutrients uptake in coneflower (*Echinacea purpurea* L.) [J]. Agricultural water management, 213: 358 - 367.

JAMPEETONG A, KONNERUP D, PIWPUAN N, et al. , 2013. Interactive effects of nitrogen form and pH on growth, morphology, N uptake and mineral contents of *Coix lacryma - jobi* L. [J]. Aquatic botany, 111: 144 - 149.

JEONG N, SUH S J, KIM M H, et al. , 2012. Ln is a key regulator of leaflet shape and number of seeds per pod in soybean [J]. The plant cell, 24: 4807 - 4818.

JIANG S Y, SUN J Y, TIAN Z W, et al. , 2017. Root extension and nitrate transporter up - regulation induced by nitrogen deficiency improves nitrogen status and plant growth at the seedling stage of winter wheat (*Triticum aestivum* L.) [J]. Environmental and experimental botany，141：28 - 40.

KAKABOUKI I P，et al.，2018. Influence of fertilization and soil tillage on nitrogen uptake and utilization efficiency of quinoa crop (*Chenopodium quinoa* Willd.) [J]. Journal of soil science and plant nutrition，18：220 - 235.

KAMH M，WIESLER F，ULAS A，et al.，2005. Root growth and N - uptake activity of oilseed rape (*Brassica napus* L.) cultivars differing in nitrogen efficiency [J]. Journal of soil science and plant nutrition，168：130 - 137.

KANNO Y，HANADA A，CHIBA Y，et al.，2012. Identification of an abscisic acid transporter by functional screening using the receptor complex as a sensor [J]. Proceedings of the national academy of sciences，109：9653 - 9658.

KANT S，BI Y M，ROTHSTEIN S J，2011. Understanding plant response to nitrogen limitation for the improvement of crop nitrogen use efficiency [J]. Journal of experimental botany，62：1499 - 1509.

KEBEDE B，RAHMAN H，CHEVRE A M，2014. Quantitative trait loci (QTL) mapping of silique length and petal colour in *Brassica Rapa* [J]. Plant breeding，133：609 - 614.

KESSEL B，SCHIERHOLT A，BECKER H C，2012. Nitrogen use efficiency in a genetically diverse set of winter oilseed rape (*Brassica napus* L.) [J]. Crop science，52：2546.

KHAN S，ANWAR S，KUAI J，et al.，2018. Alteration in yield and oil quality traits of winter rapeseed by lodging at different planting density and nitrogen rates [J]. Scientific reports，8：634.

KIBA T，FERIA - BOURRELLIER A B，LAFOUGE F，et al.，2012. The *Arabidopsis* nitrate transporter NRT2.4 plays a double role in roots and shoots of nitrogen - starved plants [J]. The plant cell，24：245 - 258.

KICHEY T，HIREL B，HEUMEZ E，et al.，2007. In winter wheat (*Triticum aestivum* L.)，post - anthesis nitrogen uptake and remobilisation to the grain correlates with agronomic traits and nitrogen physiological markers [J]. Field crops research，102：22 - 32.

KIRKEGAARD J A，LILLEY J M，BRILL R D，et al.，2018. The critical period for yield and quality determination in canola (*Brassica napus* L.) [J]. Field crops research，222：180 - 188.

KOESLIN – FINDEKLEE F，HORST W J，2016. Contribution of nitrogen uptake and re-translocation during reproductive growth to the nitrogen efficiency of winter oilseed – rape cultivars (*Brassica napus* L.) differing in leaf senescence [J]. Plants – basel，6：1.

KOESLIN – FINDEKLEE F，MEYER A，GIRKE A，et al.，2014. The superior nitrogen efficiency of winter oilseed rape (*Brassica napus* L.) hybrids is not related to delayed nitrogen starvation – induced leaf senescence [J]. Plant and soil，384：347 – 362.

KONNERUP D，BRIX H，2010. Nitrogen nutrition of *Canna indica*：effects of ammonium versus nitrate on growth，biomass allocation，photosynthesis，nitrate reductase activity and N uptake rates [J]. Aquatic botany，92：142 – 148.

KOTUR Z，MACKENZIE N，RAMESH S，et al.，2012. Nitrate transport capacity of the *Arabidopsis thaliana* NRT2 family members and their interactions with AtNAR2. 1 [J]. New phytologist，194：724 – 731.

KRAPP A，2015. Plant nitrogen assimilation and its regulation：a complex puzzle with missing pieces [J]. Current opinion in plant biology，25：115 – 122.

KROUK G，LACOMBE B，BIELACH A，et al.，2010. Nitrate – regulated auxin transport by NRT1. 1 defines a mechanism for nutrient sensing in plants [J]. Developmental cell，18：927 – 937.

LÉRAN S，VARALA K，BOYER J C，et al.，2014. A unified nomenclature of NITRATE TRANSPORTER 1/PEPTIDE TRANSPORTER family members in plants [J]. Trends in plant science，19：5 – 9.

LABRA M H，STRUIK P C，EVERS J B，et al.，2017. Plasticity of seed weight compensates reductions in seed number of oilseed rape in response to shading at flowering [J]. European journal of agronomy，84：113 – 124.

LANCASHIRE P D，BLEIHOLDER H，VAN DEN BLOOM T，et al.，1991. A uniform decimal code for growth stages of crops and weeds [J]. Annals of applied biology，119：561 – 601.

LANKINEN A，LINDSTROM S A M，D'HERTEFELDT T，2018. Variable pollen viability and effects of pollen load size on components of seed set in cultivars and feral populations of oilseed rape [J]. PLoS one，13：e0204407.

LANNING S P，HUCL P，PUMPHREY M，et al.，2012. Agronomic performance of spring wheat as related to planting date and photoperiod response [J]. Crop science，52：1633.

LASSALETTA L, BILLEN G, GRIZZETTI B, et al., 2014. 50 year trends in nitrogen use efficiency of world cropping systems: the relationship between yield and nitrogen input to cropland [J]. Environmental research letters, 9: 105011.

LE NY F, LEBLANC A, BEAUCLAIR P, et al., 2013. In low transpiring conditions, nitrate and water fluxes for growth of B. napus plantlets correlate with changes in BnNrt2.1 and BnNrt1.1 transporter expression [J]. Plant signaling & behavior, 8: e22902.

LEA P J, MIFLIN B J, 2010. Nitrogen assimilation and its relevance to crop improvement [J]. Annual plant reviews, 42: 1 - 40.

LEBLANC A, RENAULT H, LECOURT J, et al., 2008. Elongation changes of exploratory and root hair systems induced by aminocyclopropane carboxylic acid and aminoethoxyvinylglycine affect nitrate uptake and BnNrt2.1 and BnNrt1.1 transporter gene expression in oilseed rape [J]. Plant physiology, 146: 1928 - 1940.

LEZHNEVA L, KIBA T, FERIA - BOURRELLIER A B, et al., 2014. The *Arabidopsis* nitrate transporter NRT2.5 plays a role in nitrate acquisition and remobilization in nitrogen - starved plants [J]. The plant journal, 80: 230 - 241.

LI J Y, FU Y L, PIKE S M, et al., 2010. The *Arabidopsis* nitrate transporter NRT1.8 functions in nitrate removal from the xylem sap and mediates cadmium tolerance [J]. The plant cell, 22: 1633 - 1646.

LI S, CHEN L, ZHANG L, et al., 2015a. BnaC9. SMG7b functions as a positive regulator of the number of seeds per silique in *Brassica napus* by regulating the formation of functional female gametophytes [J]. Plant physiology, 169: 2744 - 2760.

LI S Y, ZHU Y Y, VARSHNEY R K, et al., 2020. A systematic dissection of the mechanisms underlying the natural variation of silique number in rapeseed germplasm [J]. Plant biotechnology journal, 18: 568 - 580.

LI X B, YAN W G, AGRAMA H, et al., 2012. Unraveling the complex trait of harvest index with association mapping in rice (*Oryza sativa* L.) [J]. PLoS one, 7: e29350.

LI X N, ZHOU L J, LIU F L, et al., 2016. Variations in protein concentration and nitrogen sources in different positions of grain in wheat [J]. Frontiers in plant science, 7: 942.

LI Y G, OUYANG J, WANG Y Y, et al., 2015b. Disruption of the rice nitrate transporter OsNPF2. 2 hinders root – to – shoot nitrate transport and vascular development [J]. Scientific reports，5：9635.

LIANG H Y，ZHANG X L，HAN J，et al.，2019. Integrated N management improves nitrogen use efficiency and economics in a winter wheat – summer maize multiple – cropping system [J]. Nutrient cycling in agroecosystems，115：313 – 329.

LIN C M，KOH S，STACEY G，et al.，2000. Cloning and functional characterization of a constitutively expressed nitrate transporter gene，OsNRT1，from rice [J]. Plant physiology，122：379 – 388.

LIN S H，KUO H F，CANIVENC G，et al.，2008. Mutation of the *Arabidopsis* NRT1. 5 nitrate transporter causes defective root – to – shoot nitrate transport [J]. The plant cell，20：2514 – 2528.

LIU H Y，WANG W Q，HE A B，et al.，2018. Correlation of leaf and root senescence during ripening in dry seeded and transplanted rice [J]. Rice science，25：279 – 285.

LIU J，HUA W，HU Z Y，et al.，2015. Natural variation in ARF18 gene simultaneously affects seed weight and silique length in polyploid rapeseed [J]. Proceedings of the national academy of sciences，112：E5123 – 5132.

LIU K H，TSAY Y F，2003. Switching between the two action modes of the dual – affinity nitrate transporter CHL1 by phosphorylation [J]. The EMBO journal，22：1005 – 1013.

LIU X J，VITOUSEK P，CHANG Y H，et al.，2016. Evidence for a historic change occurring in China [J]. Environmental science & technology，50：505 – 506.

LIU Z J，MARELLA C B N，HARTMANN A，et al.，2019. An age – dependent sequence of physiological processes defines developmental root senescence [J]. Plant physiology，181：993 – 1007.

LU S，SONG H X，GUAN C Y，et al.，2019. Long – term rice – rice – rape rotation optimizes 1，2 – benzenediol concentration in rhizosphere soil and improves nitrogen – use efficiency and rice growth [J]. Plant and soil，445：23 – 37.

LUDEWIG U，NEUHAUSER B，DYNOWSKI M，2007. Molecular mechanisms of ammonium transport and accumulation in plants [J]. FEBS letters，581：2301 – 2308.

LUO T，ZHANG J，KHAN M N，et al.，2018. Temperature variation caused by sowing dates significantly affects floral initiation and floral bud differentiation processes in rapeseed (*Brassica napus* L.) [J]. Plant science, 271: 40 - 51.

LUO X, MA C Z, YI B, et al. , 2015. Genetic distance revealed by genomic single nucleotide polymorphisms and their relationships with harvest index heterotic traits in rapeseed (*Brassica napus* L.) [J]. Euphytica, 209: 41 - 47.

MA B L, BISWAS D K, HERATH A W, et al. , 2015. Growth, yield, and yield components of canola as affected by nitrogen, sulfur, and boron application [J]. Journal of plant nutrition and soil science, 178: 658 - 670.

MA B L, DWYER L M, 1998. Nitrogen uptake and use of two contrasting maize hybrids differing in leaf senescence [J]. Plant and soil, 199: 283 - 291.

MA B L, HERATH A W, 2016. Timing and rates of nitrogen fertiliser application on seed yield, quality and nitrogen - use efficiency of canola [J]. Crop & pasture science, 67: 167 - 180.

MA B L, ZHENG Z M, MORRISON M J, 2017. Does increasing plant population density alter sugar yield in high stalk - sugar maize hybrids? [J]. Crop and pasture science, 68: 1.

MA N, YUAN J Z, LI M, et al. , 2014. Ideotype population exploration: growth, photosynthesis, and yield components at different planting densities in winter oilseed rape (*Brassica napus* L.) [J]. PLoS one, 9: e114232.

MAILLARD A, DIQUELOU S, BILLARD V, et al. , 2015. Leaf mineral nutrient remobilization during leaf senescence and modulation by nutrient deficiency [J]. Frontiers in plant science, 6: 317.

MAKINO A, 2011. Photosynthesis, grain yield, and nitrogen utilization in rice and wheat [J]. Plant physiology, 155: 125 - 129.

MALAGOLI P, LAINE P, ROSSATO L, et al. , 2005. Dynamics of nitrogen uptake and mobilization in field - grown winter oilseed rape (*Brassica napus*) from stem extension to harvest: I. Global N flows between vegetative and reproductive tissues in relation to leaf fall and their residual N [J]. Annals of botany, 95: 853 - 861.

MASCLAUX - DAUBRESSE C, CHARDON F, 2011. Exploring nitrogen remobilization for seed filling using natural variation in *Arabidopsis thaliana* [J]. Journal of experimental botany, 62: 2131 - 2142.

MASCLAUX - DAUBRESSE C, DANIEL - VEDELE F, DECHORGNAT J, et al. , 2010. Nitrogen uptake, assimilation and remobilization in plants: challenges for sustainable and productive agriculture [J]. Annals of botany, 105: 1141 – 1157.

MASCLAUX – DAUBRESSE C, REISDORF – CREN M, PAGEAU K, et al., 2006. Glutamine synthetase – glutamate synthase pathway and glutamate dehydrogenase play distinct roles in the sink – source nitrogen cycle in tobacco [J]. Plant physiology, 140: 444 – 456.

MENA – ALI J I, ROCHA O J, 2005. Effect of ovule position within the pod on the probability of seed production in *Bauhinia ungulata* (Fabaceae) [J]. Annals of botany, 95: 449 – 455.

MENZ J, RANGE T, TRINI J, et al., 2018. Molecular basis of differential nitrogen use efficiencies and nitrogen source preferences in contrasting *Arabidopsis* accessions [J]. Scientific reports, 8: 3373.

MILLARD P, NEILSEN G H, 1989. The influence of nitrogen supply on the uptake and remobilization of stored N for the seasonal growth of apple trees [J]. Annals of botany, 63: 301 – 309.

MOLL R H, KAMPRATH E J, JACKSON W A, 1982. Analysis and interpretation of factors which contribute to efficiency of nitrogen utilization [J]. Agronomy journal, 74: 562 – 564.

MORERE – LE PAVEN M C, VIAU L, HAMON A, et al., 2011. Characterization of a dual – affinity nitrate transporter MtNRT1.3 in the model legume *Medicago truncatula* [J]. Journal of experimental botany, 62: 5595 – 5605.

NAHAR K, HASANUZZAMAN M, ALAM M M, et al., 2017. Insights into spermine – induced combined high temperature and drought tolerance in mung bean: osmoregulation and roles of antioxidant and glyoxalase system [J]. Protoplasma, 254: 445 – 460.

NIKOLIC O, ZIVANOVIC T, JELIC M, et al., 2012. Interrelationships between grain nitrogen content and other indicators of nitrogen accumulation and utilization efficiency in wheat plants [J]. Chilean journal of agricultural research, 72: 111 – 116.

NYIKAKO J, SCHIERHOLT A, KESSEL B, et al., 2014. Genetic variation in nitrogen uptake and utilization efficiency in a segregating DH population of winter oilseed rape [J]. Euphytica, 199: 3 – 11.

OGAWA T, OIKAWA S, HIROSE T, 2016. Nitrogen – utilization efficiency in rice: an analysis at leaf, shoot, and whole – plant level [J]. Plant and soil, 404: 321 – 344.

OKUMOTO S，PILOT G，2011. Amino acid export in plants：a missing link in nitrogen cycling ［J］. Molecular plant，4：453 – 463.

OLDROYD G E，DIXON R，2014. Biotechnological solutions to the nitrogen problem ［J］. Current opinion in biotechnology，26：19 – 24.

ORSEL M，MOISON M，CLOUET V，et al.，2014. Sixteen cytosolic glutamine synthetase genes identified in the *Brassica napus* L. genome are differentially regulated depending on nitrogen regimes and leaf senescence ［J］. Journal of experimental botany，65：3927 – 3947.

PALANIVELU R，TSUKAMOTO T，2012. Pathfinding in angiosperm reproduction：pollen tube guidance by pistils ensures successful double fertilization ［J］. Wiley interdisciplinary reviews – developmental biology，1：96 – 113.

PANDA D，SARKAR R K，2013. Natural leaf senescence：probed by chlorophyll fluorescence，CO_2 photosynthetic rate and antioxidant enzyme activities during grain filling in different rice cultivars ［J］. Physiology and molecular biology of plants，19：43 – 51.

PASK A J D，SYLVESTER – BRADLEY R，JAMIESON P D，et al.，2012. Quantifying how winter wheat crops accumulate and use nitrogen reserves during growth ［J］. Field crops research，126：104 – 118.

PATHAK R R，AHMAD A，LOCHAB S，et al.，2008. Molecular physiology of plant nitrogen use efficiency and biotechnological options for its enhancement ［J］. Current science，94：1394 – 1403.

PATHAN S I，CECCHERINI M T，HANSEN M A，et al.，2015. Maize lines with different nitrogen use efficiency select bacterial communities with different β – glucosidase – encoding genes and glucosidase activity in the rhizosphere ［J］. Biology and fertility of soils，51：995 – 1004.

PENG B，KONG H L，LI Y B，et al.，2014. OsAAP6 functions as an important regulator of grain protein content and nutritional quality in rice ［J］. Nature communications，5：4847.

PEREIRA M C T，CRANE J H，MONTAS W，et al.，2014. Effects of storage length and flowering stage of pollen influence its viability，fruit set and fruit quality in 'Red' and 'Lessard Thai' sugar apple (*Annona squamosa*) and 'Gefner' atemoya (*A. cherimola* × *A. squamosa*) ［J］. Scientia horticulturae，178：55 – 60.

POZUELO M, MACKINTOSH C, GALVÁN A, et al. , 2001. Cytosolic glutamine synthetase and not nitrate reductase from the green alga *Chlamydomonas reinhardtii* is phosphorylated and binds 14 − 3 − 3 proteins [J]. Planta, 212: 264 − 269.

RAMKUMAR M K, SENTHIL KUMAR S, GAIKWAD K, et al. , 2019. A novel stay − green mutant of rice with delayed leaf senescence and better harvest index confers drought tolerance [J]. Plants − basel, 8: 375.

RATHKE G, BEHRENS T, DIEPENBROCK W, 2006. Integrated nitrogen management strategies to improve seed yield, oil content and nitrogen efficiency of winter oilseed rape (*Brassica napus* L.): a review [J]. Agriculture, ecosystems & environment, 117: 80 − 108.

RAZA M A, FENG L Y, KHALID M H B, et al. , 2019. Optimum leaf excision increases the biomass accumulation and seed yield of maize plants under different planting patterns [J]. Annals of applied biology: 54 − 68.

RIAR A, COVENTRY D, 2013. Nitrogen use as a component of sustainable crop systems [J]. Elsevier: Zurich, Switzerland.

RIAR A, GILL G, MCDONALD G, 2017. Effect of post − sowing nitrogen management on canola and mustard: I. yield responses [J]. Agronomy journal, 109: 2266 − 2277.

RIAR A, GILL G, MCDONALD G, 2020. Different post − sowing nitrogen management approaches required to improve nitrogen and water use efficiency of canola and mustard [J]. Frontiers in plant science, 11.

SANTIAGO − ARENAS R, HADI S N, FANSHURI B A, et al. , 2019. Effect of nitrogen fertiliser and cultivation method on root systems of rice subjected to alternate wetting and drying irrigation [J]. Annals of applied biology, 175: 388 − 399.

SANTIAGO J P, SHARKEY T D, 2019. Pollen development at high temperature and role of carbon and nitrogen metabolites [J]. Plant, cell and environment: 1 − 17.

SCHIPPERS J H, SCHMIDT R, WAGSTAFF C, et al. , 2015. Living to die and dying to live: the survival strategy behind leaf senescence [J]. Plant physiology, 169: 914 − 930.

SCHNEIDER H M, WOJCIECHOWSKI T, POSTMA J A, et al. , 2017. Root cortical senescence decreases root respiration, nutrient content and radial water and nutrient transport in barley [J]. Plant, cell and environment, 40: 1392 − 1408.

SHAH J M, BUKHARI S A H, ZENG J B, et al. , 2017. Nitrogen（N）metabolism related enzyme activities, cell ultrastructure and nutrient contents as affected by N level and barley genotype [J]. Journal of integrative agriculture, 16: 190 - 198.

SILVEIRA J A G, MATOS J C S, CECATTO V M, et al. , 2001. Nitrate reductase activity, distribution, and response to nitrate in two contrasting *Phaseolus* species inoculated with *Rhizobium* spp. [J]. Environmental and experimental botany, 46: 37 - 46.

SIMONS M, SAHA R, GUILLARD L, et al. , 2014. Nitrogen - use efficiency in maize（*Zea mays* L. ）: from 'omics' studies to metabolic modelling [J]. Journal of experimental botany, 65: 5657 - 5671.

SMITH B E, 2002. Nitrogenase reveals its inner secrets [J]. Science, 297: 1654 - 1655.

SMITH M R, RAO I M, MERCHANT A, 2018. Source - sink relationships in crop plants and their influence on yield development and nutritional quality [J]. Frontiers in plant science, 9: 1889.

SONG J B, SHU X X, SHEN Q, et al. , 2015a. Altered fruit and seed development of transgenic rapeseed（*Brassica napus*）over - expressing MicroRNA394 [J]. PLoS one, 10: e0125427.

SONG Y H, SHIM J S, KINMONTH - SCHULTZ H A, et al. , 2015b. Photoperiodic flowering: time measurement mechanisms in leaves [J]. Annual review of plant biology, 66: 441 - 464.

SOTO G, FOX R, AYUB N, et al. , 2010. TIP5: 1 is an aquaporin specifically targeted to pollen mitochondria and is probably involved in nitrogen remobilization in *Arabidopsis thaliana* [J]. The plant journal, 64: 1038 - 1047.

STAHL A, FRIEDT W, WITTKOP B, et al. , 2016. Complementary diversity for nitrogen uptake and utilisation efficiency reveals broad potential for increased sustainability of oilseed rape production [J]. Plant and soil, 400: 245 - 262.

STAHL A, PFEIFER M, FRISCH M, et al. , 2017. Recent genetic gains in nitrogen use efficiency in oilseed rape [J]. Frontiers in plant science, 8: 963.

STAHL A, VOLLRATH P, SAMANS B, et al. , 2019. Effect of breeding on nitrogen use efficiency - associated traits in oilseed rape [J]. Journal of experimental botany, 70: 1969 - 1986.

STEVENS C J, 2019. Nitrogen in the environment [J]. Science, 363: 578 - 580.

STROKAL M, KROEZE C, WANG M R, et al. , 2017. Reducing future river export of nutrients to coastal waters of China in optimistic scenarios [J]. Science of the total environment, 579: 517 - 528.

SUN L, LU Y, YU F, et al. , 2016. Biological nitrification inhibition by rice root exudates and its relationship with nitrogen - use efficiency [J]. New phytologist, 212: 646 - 656.

SUZUKI A, KNAF D B, 2005. Glutamate synthase structural, mechanistic and regulatory properties [J]. Photosynthesis research, 83: 191 - 217.

SVECNJAK Z, RENGEL Z, 2006. Nitrogen utilization efficiency in canola cultivars at grain harvest [J]. Plant and soil, 283: 299 - 307.

SWARBRECK S M, DEFOIN - PLATEL M, HINDLE M, et al. , 2011. New perspectives on glutamine synthetase in grasses [J]. Journal of experimental botany, 62: 1511 - 1522.

SYLVESTER - BRADLEY R, KINDRED D R, 2009. Analysing nitrogen responses of cereals to prioritize routes to the improvement of nitrogen use efficiency [J]. Journal of experimental botany, 60: 1939 - 1951.

TAN H, YANG X H, ZHANG F X, et al. , 2011. Enhanced seed oil production in canola by conditional expression of *Brassica napus* LEAFY COTYLEDON1 and LEC1 - LIKE in developing seeds [J]. Plant physiology, 156: 1577 - 1588.

TAULEMESSE F, LE GOUIS J, GOUACHE D, et al. , 2015. Post - flowering nitrate uptake in wheat is controlled by N status at flowering, with a putative major role of root nitrate transporter NRT2. 1 [J]. PLoS one, 10: e0120291.

TAULEMESSE F, LE GOUIS J, GOUACHE D, et al. , 2016. Bread wheat (*Triticum aestivum* L.) grain protein concentration is related to early post - flowering nitrate uptake under putative control of plant satiety level [J]. PLoS one, 11: e0149668.

TAYLOR M R, REINDERS A, WARD J M, 2015. Transport function of rice amino acid permeases (AAPs) [J]. Plant and cell physiology, 56: 1355 - 1363.

TEGEDER M, 2014. Transporters involved in source to sink partitioning of amino acids and ureides: opportunities for crop improvement [J]. Journal of experimental botany, 65: 1865 - 1878.

TEGEDER M, MASCLAUX - DAUBRESSE C, 2018. Source and sink mechanisms of nitrogen transport and use [J]. New phytologist, 217: 35 - 53.

TEGEDER M, RENTSCH D, 2010. Uptake and partitioning of amino acids and peptides [J]. Molecular plant, 3: 997 - 1011.

TIAN H, FU J, DRIJBER R A, et al., 2015. Expression patterns of five genes involved in nitrogen metabolism in two winter wheat (*Triticum aestivum* L.) genotypes with high and low nitrogen utilization efficiencie [J]. Journal of cereal science, 61: 48 - 54.

TIAN Z W, LI Y, LIANG Z H, et al., 2016. Genetic improvement of nitrogen uptake and utilization of winter wheat in the Yangtze River Basin of China [J]. Field crops research, 196: 251 - 260.

TRIBOI E, MARTRE P, GIROUSSE C, et al., 2006. Unravelling environmental and genetic relationships between grain yield and nitrogen concentration for wheat [J]. European journal of agronomy, 25: 108 - 118.

TSAY Y F, CHIU C C, TSAI C B, et al., 2007. Nitrate transporters and peptide transporters [J]. FEBS letters, 581: 2290 - 2300.

TSAY Y F, SCHROEDER J I, FELDMANN K A, et al., 1993. The herbicide sensitivity gene CHL1 of *Arabidopsis* encodes a nitrate - inducible nitrate transporter [J]. Cell, 72: 705 - 713.

TYREE M T, 2003. The ascent of water [J]. Nature, 423: 923.

ULAS A, BEHRENS T, WIESLER F, et al., 2013. Does genotypic variation in nitrogen remobilisation efficiency contribute to nitrogen efficiency of winter oilseed - rape cultivars (*Brassica napus* L.)? [J]. Plant and soil, 371: 463 - 471.

VAN BEL A J E, 1990. Xylem - phloem exchange via the rays: the undervalued route of transport [J]. Journal of experimental botany, 41: 631 - 644.

VAN BUEREN E T L, STRUIK P C, 2017. Diverse concepts of breeding for nitrogen use efficiency: a review [J]. Agronomy for sustainable development, 37: 50.

VAN LOON L C, 2016. The intelligent behavior of plants [J]. Trends in plant science, 21: 286 - 294.

WAGNER C, BONTE A, BRUHL L, et al., 2018. Micro - organisms growing on rapeseed during storage affect the profile of volatile compounds of virgin rapeseed oil [J]. Journal of the science of food and agriculture, 98: 2147 - 2155.

WALLACE A J, ARMSTRONG R D, GRACE P R, et al., 2019. Nitrogen use efficiency of ^{15}N urea applied to wheat based on fertiliser timing and use of inhibitors [J]. Nutrient cycling in agroecosystems, 116: 41 - 56.

WANG C L, HAI J B, YANG J L, et al. , 2016a. Influence of leaf and silique photosynthesis on seeds yield and seeds oil quality of oilseed rape (*Brassica napus* L.) [J]. European journal of agronomy, 74: 112 - 118.

WANG F B, LIU J C, ZHOU L J, et al. , 2016b. Senescence - specific change in ROS scavenging enzyme activities and regulation of various SOD isozymes to ROS levels in psf mutant rice leaves [J]. Plant physiology and biochemistry, 109: 248 - 261.

WANG G L, DING G D, LI L, et al. , 2014a. Identification and characterization of improved nitrogen efficiency in interspecific hybridized new - type *Brassica napus* [J]. Annals of botany, 114: 549 - 559.

WANG J L, TANG M Q, CHEN S, et al. , 2017. Down - regulation of BnDA1, whose gene locus is associated with the seeds weight, improves the seeds weight and organ size in *Brassica napus* [J]. Plant biotechnology journal, 15: 1024 - 1033.

WANG L, LU P P, REN T, et al. , 2020. Improved nitrogen efficiency in winter oilseed rape hybrid compared with the parental lines under contrasting nitrogen supply [J]. Industrial crops and products, 155: 112777.

WANG L, MÜHLING K H, ERLEY G S A, 2016c. Nitrogen efficiency and leaf nitrogen remobilisation of oilseed rape lines and hybrids [J]. Annals of applied biology, 169: 125 - 133.

WANG X D, CHEN L, WANG A N, et al. , 2016d. Quantitative trait loci analysis and genome - wide comparison for silique related traits in *Brassica napus* [J]. BMC plant biology, 16: 71.

WANG X J, MATHIEU A, COURNEDE P H, et al. , 2011. Variability and regulation of the number of ovules, seeds and pods according to assimilate availability in winter oilseed rape (*Brassica napus* L.) [J]. Field crops research, 122: 60 - 69.

WANG X J, MATHIEU A, COURNEDE P H, et al. , 2014b. Application of a probabilistic model for analysing the abortion of seeds and pods in winter oilseed rape (*Brassica napus*) [J]. Annals of applied biology, 165: 414 - 428.

WANG Y Y, CHENG Y H, CHEN K E, et al. , 2018. Nitrate transport, signaling, and use efficiency [J]. Annual review of plant biology, 69: 85 - 122.

WANG Y Y, HSU P K, TSAY Y F, 2012. Uptake, allocation and signaling of nitrate

[J]. Trends in plant science，17：458 – 467.

WANG Y Y，TSAY Y F，2011. Arabidopsis nitrate transporter NRT1. 9 is important in phloem nitrate transport [J]. The plant cell，23：1945 – 1957.

WU H，XIANG J，ZHANG Y P，et al.，2018a. Effects of post – anthesis nitrogen uptake and translocation on photosynthetic production and rice yield [J]. Scientific reports，8：12891.

WU X Y，DING C H，BAERSON S R，et al.，2018b. The roles of jasmonate signalling in nitrogen uptake and allocation in rice (*Oryza sativa* L.) [J]. Plant，cell and environment，42：659 – 672.

XIA X D，FAN X R，WEI J，et al.，2015. Rice nitrate transporter OsNPF2. 4 functions in low – affinity acquisition and long – distance transport [J]. Journal of experimental botany，66：317 – 331.

XING Y Y，JIANG W T，HE X L，et al.，2019. A review of nitrogen translocation and nitrogen – use efficiency [J]. Journal of plant nutrition，42：2624 – 2641.

XU G H，FAN X R，MILLER A J，2012. Plant nitrogen assimilation and use efficiency [J]. Annual review of plant biology，63：153 – 182.

XU H W，LIU C H，LU R J，et al.，2015. The difference in responses to nitrogen deprivation and re – supply at seedling stage between two barley genotypes differing nitrogen use efficiency [J]. Plant growth regulation，79：119 – 126.

YANAGISAWA S，2014. Transcription factors involved in controlling the expression of nitrate reductase genes in higher plants [J]. Plant science，229：167 – 171.

YANG L，GUO S，CHEN F J，et al.，2017a. Effects of pollination – prevention on leaf senescence and post – silking nitrogen accumulation and remobilization in maize hybrids released in the past four decades in China [J]. Field crops research，203：106 – 113.

YANG Y，SHEN Y S，LI S D，et al.，2017b. High density linkage map construction and QTL detection for three silique – related traits in *Orychophragmus violaceus* derived *Brassica napus* population [J]. Frontiers in plant science，8：1512.

YANG Y，SHI J，WANG X，et al.，2016. Genetic architecture and mechanism of seed number per pod in rapeseed：elucidated through linkage and near – isogenic line analysis [J]. Scientific reports，6：24124.

YANG Y H，WANG Y，ZHAN J P，et al.，2017c. Genetic and cytological analyses of the natural variation of seed number per pod in rapeseed (*Brassica napus* L.) [J]. Frontiers in plant science, 8: 1890.

YORK L M, SILBERBUSH M, LYNCH J P, 2016. Spatiotemporal variation of nitrate uptake kinetics within the maize (*Zea mays* L.) root system is associated with greater nitrate uptake and interactions with architectural phenes [J]. Journal of experimental botany, 67: 3763 - 3775.

YU J, XUAN W, TIAN Y L, et al., 2020. Enhanced OsNLP4 - OsNiR cascade confers nitrogen use efficiency by promoting tiller number in rice [J]. Plant biotechnology journal, 19: 167 - 176.

YU J L, ZHEN X X, LI X, et al., 2019. Increased autophagy of rice can increase yield and nitrogen use efficiency (NUE) [J]. Frontiers in plant science, 10: 584.

ZHANG C, TATEISHI N, TANABE K, 2010a. Pollen density on the stigma affects endogenous gibberellin metabolism, seed and fruit set, and fruit quality in *Pyrus pyrifolia* [J]. Journal of experimental botany, 61: 4291 - 4302.

ZHANG X, DAVIDSON E A, MAUZERALL D L, et al., 2015. Managing nitrogen for sustainable development [J]. Nature, 528: 51 - 59.

ZHANG Z H, SONG H X, LIU Q, et al., 2010b. Studies on differences of nitrogen efficiency and root characteristics of oilseed rape (*Brassica napus* L.) cultivars in relation to nitrogen fertilization [J]. Journal of plant nutrition, 33: 1448 - 1459.

ZHAO Y, LIU Z, DUAN F Y, et al., 2018. Overexpression of the maize ZmAMT1; 1a gene enhances root ammonium uptake efficiency under low ammonium nutrition [J]. Plant biotechnology reports, 12: 47 - 56.

ZHENG H Y, WU H M, PAN X Y, et al., 2017. Aberrant meiotic modulation partially contributes to the lower germination rate of pollen grains in maize (*Zea mays* L.) under low nitrogen supply [J]. Plant and cell physiology, 58: 342 - 353.

ZHENG S L, CHENG H, LI P H, et al., 2016. Root vigor and kinetic characteristics and nitrogen use efficiencies of different potato (*Solanum tuberosum* L.) cultivars [J]. Journal of agricultural science and technology, 18: 399 - 410.

ZHOU B, SERRET M D, ELAZAB A, et al., 2016a. Wheat ear carbon assimilation and nitrogen remobilization contribute significantly to grain yield [J]. Journal of integrative agriculture, 58: 914 - 926.

ZHOU J J，TRUEMAN L J，BOORER K J，et al.，2000. A high affinity fungal nitrate carrier with two transport mechanisms ［J］. Journal of biological chemistry，275：39894 - 39899.

ZHOU W，LV T F，ZHANG P P，et al.，2016b. Regular nitrogen application increases nitrogen utilization efficiency and grain yield in Indica hybrid rice ［J］. Agronomy journal，108：1951 - 1961.

ZHU X Y，ZHANG L，KUANG C，et al.，2018. Important photosynthetic contribution of silique wall to seed yield - related traits in *Arabidopsis thaliana* ［J］. Photosynthesis research，137：493 - 501.

附 录

APPENDIX

附表1　18个油菜品种成熟期氮效率结果

氮水平和氮利用效率	编号	氮效率（g/g）		氮利用效率（g/g）		氮吸收效率（g/g）	
		田间	盆栽	田间	盆栽	田间	盆栽
	7	11.43	4.67	29.04	13.17	0.42	0.35
	9	11.18	8.20	23.12	11.55	0.49	0.71
	28	12.34	9.17	33.47	11.31	0.39	0.81
高氮高效	40	13.71	6.88	33.65	13.73	0.42	0.50
	48	15.24	9.55	35.25	12.52	0.48	0.76
	均值	12.78	7.70	30.91	12.45	0.44	0.63
	SE	1.52	1.77	4.41	0.93	0.04	0.17
	22	9.22	3.81	29.39	8.81	0.33	0.43
	26	9.77	5.67	27.70	8.07	0.38	0.70
	27	7.15	3.73	30.20	6.98	0.25	0.53
高氮低效	44	8.40	3.97	19.54	6.04	0.45	0.66
	50	6.45	2.54	28.90	7.30	0.33	0.35
	均值	8.20	3.94	27.14	7.44	0.35	0.53
	SE	1.24	1.00	3.89	0.94	0.07	0.13
	21	17.76	16.83	21.06	18.22	0.92	0.92
	42	15.62	17.30	16.71	17.28	1.04	1.00
	45	25.73	16.26	30.19	16.80	0.86	0.97
低氮高效	48	20.21	16.36	22.69	16.52	1.04	0.99
	均值	19.83	16.69	22.66	17.20	0.96	0.97
	SE	3.77	0.42	4.86	0.65	0.08	0.03

（续）

氮水平和氮利用效率	编号	氮效率（g/g）		氮利用效率（g/g）		氮吸收效率（g/g）	
		田间	盆栽	田间	盆栽	田间	盆栽
低氮低效	8	13.73	9.93	22.85	12.08	0.67	0.82
	18	12.46	7.08	19.29	10.78	0.67	0.66
	39	11.16	10.39	13.79	12.12	0.82	0.86
	44	13.76	10.87	23.02	9.70	0.62	1.12
	均值	12.78	9.57	19.74	11.17	0.69	0.86
	SE	1.07	1.48	3.74	1.00	0.07	0.17

附表 2　18 个油菜品种成熟期产量构成结果

氮水平和氮利用效率	编号	单株角果数（个）		每角粒数（粒）		千粒重（g）	
		田间	盆栽	田间	盆栽	田间	盆栽
高氮高效	7	344.75	228.67	14.31	22.67	5.37	3.16
	9	339.63	175.33	17.66	18.00	5.23	4.20
	28	295.50	366.67	16.51	19.33	6.17	4.60
	40	258.50	261.33	19.66	20.67	6.53	4.31
	48	312.00	186.67	20.76	25.00	5.73	4.40
	均值	310.08	243.73	17.78	21.13	5.81	4.13
	SE	31.47	68.68	2.28	2.47	0.49	0.50
高氮低效	22	228.13	167.00	19.60	17.20	5.02	4.82
	26	238.25	221.33	15.83	16.47	6.48	4.23
	27	293.88	277.33	11.74	14.87	4.94	3.61
	44	301.88	229.67	16.56	21.87	4.11	2.91
	50	268.88	141.33	13.09	13.67	4.56	4.43
	均值	266.20	207.33	15.36	16.81	5.02	4.00
	SE	29.25	48.12	2.75	2.81	0.80	0.67
低氮高效	21	296.75	248.67	15.99	18.00	4.21	4.26
	42	265.88	226.67	16.50	20.87	3.97	4.58
	45	169.38	244.00	20.04	18.67	8.54	4.31
	48	276.75	165.33	18.49	22.67	5.07	5.10
	均值	252.19	221.17	17.76	20.05	5.45	4.56
	SE	49.08	33.26	1.62	1.85	1.83	0.33

（续）

氮水平和氮利用效率	编号	单株角果数（个）		每角粒数（粒）		千粒重（g）	
		田间	盆栽	田间	盆栽	田间	盆栽
低氮低效	8	204.88	200.67	15.11	16.07	4.88	4.36
	18	191.88	134.67	14.52	15.00	5.25	3.13
	39	226.63	252.00	17.63	15.00	3.84	3.40
	44	261.25	287.33	12.28	15.80	4.86	2.52
	均值	221.16	218.67	14.88	15.47	4.71	3.36
	SE	26.27	57.46	1.91	0.48	0.52	0.66

附表3　18个油菜品种成熟期氮收获指数结果

氮水平和氮利用效率	编号	氮收获指数（%）		籽粒氮累积量（g）		地上部氮累积量（g）	
		田间	盆栽	田间	盆栽	田间	盆栽
高氮高效	7	0.52	0.30	0.61	0.37	1.17	1.25
	9	0.53	0.35	0.59	0.44	1.12	1.27
	28	0.60	0.39	0.65	0.53	1.09	1.34
	40	0.55	0.35	0.62	0.45	1.13	1.29
	48	0.63	0.32	0.62	0.40	0.98	1.23
	均值	0.56	0.34	0.62	0.44	1.10	1.27
	SE	0.04	0.03	0.02	0.05	0.06	0.04
高氮低效	22	0.40	0.19	0.48	0.31	1.22	1.63
	26	0.51	0.21	0.50	0.37	0.97	1.73
	27	0.61	0.28	0.57	0.39	0.93	1.37
	44	0.75	0.26	0.52	0.35	0.69	1.38
	50	0.19	0.42	0.27	0.34	1.44	0.81
	均值	0.49	0.27	0.47	0.35	1.05	1.38
	SE	0.19	0.08	0.10	0.02	0.26	0.32
低氮高效	21	0.42	0.32	0.38	0.33	0.90	1.03
	42	0.37	0.41	0.31	0.44	0.83	1.06
	45	0.72	0.28	0.67	0.26	0.93	0.94
	48	0.49	0.34	0.44	0.34	0.89	1.01
	均值	0.50	0.34	0.45	0.34	0.88	1.01
	SE	0.13	0.05	0.14	0.06	0.04	0.04

（续）

氮水平和氮利用效率	编号	氮收获指数（%）		籽粒氮累积量（g）		地上部氮累积量（g）	
		田间	盆栽	田间	盆栽	田间	盆栽
低氮低效	8	0.32	0.30	0.30	0.30	0.93	1.01
	18	0.36	0.21	0.29	0.25	0.82	1.18
	39	0.22	0.47	0.21	0.31	0.95	0.67
	44	0.50	0.13	0.51	0.17	1.02	1.28
	均值	0.35	0.28	0.33	0.26	0.93	1.04
	SE	0.10	0.13	0.11	0.06	0.07	0.23

附表4　18个油菜品种成熟期收获指数结果

氮水平和氮利用效率	编号	收获指数（%）		籽粒产量（g）		地上部生物量（g）	
		田间	盆栽	田间	盆栽	田间	盆栽
高氮高效	7	0.37	0.21	27.43	12.17	73.68	58.21
	9	0.72	0.38	26.82	22.76	37.18	60.14
	28	0.65	0.51	29.61	22.42	45.70	43.57
	40	0.51	0.34	32.92	15.03	64.08	44.82
	48	0.65	0.54	36.59	23.99	56.38	44.63
	均值	0.58	0.39	30.67	19.27	55.40	50.27
	SE	0.12	0.12	3.65	4.75	12.93	7.31
高氮低效	22	0.45	0.33	22.13	15.12	48.82	45.29
	26	0.47	0.24	23.44	14.00	50.27	57.27
	27	0.32	0.37	17.17	14.38	54.23	39.15
	44	0.39	0.28	20.16	16.83	51.46	59.41
	50	0.33	0.38	15.49	13.43	47.54	35.22
	均值	0.39	0.32	19.68	14.75	50.46	47.27
	SE	0.06	0.05	2.97	1.18	2.30	9.62
低氮高效	21	0.41	0.44	19.54	18.04	48.11	41.14
	42	0.30	0.37	17.19	16.55	57.26	44.69
	45	0.63	0.38	28.30	17.30	44.57	45.65
	48	0.54	0.33	22.24	15.99	41.48	48.59
	均值	0.47	0.38	21.82	16.97	47.86	45.02
	SE	0.13	0.04	4.15	0.77	5.92	2.66

（续）

氮水平和氮利用效率	编号	收获指数（%）		籽粒产量（g）		地上部生物量（g）	
		田间	盆栽	田间	盆栽	田间	盆栽
低氮低效	8	0.42	0.31	15.11	11.47	35.98	36.93
	18	0.44	0.34	13.71	11.66	31.08	34.77
	39	0.37	0.23	12.27	11.17	33.03	47.76
	44	0.36	0.41	15.14	12.83	42.55	31.31
	均值	0.40	0.32	14.06	11.78	35.66	37.69
	SE	0.03	0.06	1.18	0.63	4.34	6.15

附表5　18个油菜品种成熟期农艺性状结果

氮水平和氮利用效率	编号	株高（cm）		茎粗（mm）		第一节分枝高度（cm）		第一节分枝数目（个）	
		田间	盆栽	田间	盆栽	田间	盆栽	田间	盆栽
高氮高效	7	146.25	133.50	9.49	10.50	35.00	2.77	9.75	7.67
	9	175.75	138.17	9.02	11.31	28.50	3.47	8.50	7.00
	28	148.25	131.33	9.13	11.22	36.25	1.67	9.00	5.67
	40	137.50	122.00	9.49	9.15	28.75	1.67	9.25	6.67
	48	140.75	135.50	9.08	10.94	29.00	3.37	9.50	8.67
	均值	149.70	132.10	9.24	10.62	31.50	2.59	9.20	7.13
	SE	13.58	5.53	0.21	0.79	3.39	0.79	0.43	1.00
高氮低效	22	147.50	124.73	8.72	8.31	21.25	1.47	8.25	8.00
	26	170.00	155.57	10.01	12.65	48.25	2.90	12.75	8.67
	27	130.00	130.33	9.21	9.90	19.00	5.08	6.50	6.67
	44	157.50	142.83	8.49	10.06	42.00	6.60	10.50	6.67
	50	137.50	155.17	9.17	9.80	35.25	5.80	9.50	5.67
	均值	148.50	141.73	9.14	10.14	33.15	4.37	9.50	7.13
	SE	14.20	12.59	0.52	1.40	11.42	1.90	2.10	1.07
低氮高效	21	123.75	138.10	9.12	8.57	19.00	4.47	8.75	6.00
	42	138.75	156.17	9.27	10.47	32.50	5.37	6.75	6.33
	45	143.75	129.93	9.59	9.74	24.50	6.07	8.25	5.00
	48	140.00	152.90	9.06	9.29	35.00	8.65	8.75	4.67
	均值	136.56	144.28	9.26	9.52	27.75	6.14	8.13	5.50
	SE	7.62	10.72	0.21	0.69	6.37	1.56	0.82	0.69

（续）

氮水平和氮利用效率	编号	株高（cm）		茎粗（mm）		第一节分枝高度（cm）		第一节分枝数目（个）	
		田间	盆栽	田间	盆栽	田间	盆栽	田间	盆栽
低氮低效	8	112.50	134.50	8.78	8.80	17.50	5.70	8.25	4.67
	18	120.00	141.30	9.25	8.36	26.25	6.53	8.00	4.33
	39	135.00	135.13	9.40	8.43	30.00	3.67	7.50	6.67
	44	156.25	143.00	9.04	9.73	35.00	6.56	8.00	7.00
	均值	130.94	138.48	9.12	8.83	27.19	5.62	7.94	5.67
	SE	16.71	3.72	0.23	0.55	6.40	1.18	0.27	1.18

附表6　田间试验18个油菜品种5个生长期地上部生物量结果

氮水平和氮利用效率		地上部生物量（g/株）				
	编号	幼苗期	现蕾期	抽薹期	盛花期	角果期
高氮高效	7	4.55	11.00	18.48	25.44	24.65
	9	4.71	10.74	18.70	24.02	24.24
	28	4.41	11.89	19.13	26.29	23.61
	40	5.17	10.96	18.01	23.83	23.21
	48	4.05	10.46	17.39	27.50	22.62
	均值	4.58	11.01	18.34	25.42	23.67
	SE	0.37	0.48	0.60	1.38	0.72
高氮低效	22	5.73	12.24	17.41	21.07	19.73
	26	5.95	12.73	17.64	21.08	20.33
	27	5.72	13.16	17.42	22.57	19.04
	44	6.34	12.19	18.39	21.98	20.82
	50	6.31	12.72	17.06	22.59	20.30
	均值	6.01	12.61	17.58	21.86	20.04
	SE	0.27	0.36	0.44	0.68	0.61
低氮高效	21	3.28	8.29	15.59	20.37	19.05
	42	3.21	8.75	15.92	20.74	19.22
	45	3.67	8.55	15.48	20.01	19.08
	48	3.52	8.15	16.25	20.43	18.57
	均值	4.00	9.29	16.06	20.83	19.24
	SE	1.17	1.73	0.57	0.91	0.57

（续）

氮水平和氮利用效率	地上部生物量（g/株）					
	编号	幼苗期	现蕾期	抽薹期	盛花期	角果期
低氮低效	8	3.92	10.28	15.98	18.48	15.86
	18	3.82	9.98	15.88	18.33	15.86
	39	3.94	9.66	15.31	18.59	15.63
	44	3.74	9.86	15.91	17.83	15.97
	均值	4.35	10.50	16.03	19.16	16.72
	SE	0.98	1.13	0.57	1.73	1.79

附表7　田间试验18个油菜品种5个生长期地上部含氮量结果

氮水平和氮利用效率	地上部含氮量（g/kg）					
	编号	幼苗期	现蕾期	抽薹期	盛花期	角果期
高氮高效	7	13.10	18.96	13.10	10.95	19.27
	9	14.24	19.93	12.52	11.17	19.58
	28	13.06	19.09	12.07	11.13	19.35
	40	14.09	18.16	12.97	9.89	20.22
	48	13.26	19.28	12.87	10.43	19.75
	均值	13.55	19.08	12.71	10.71	19.63
	SE	0.51	0.57	0.37	0.49	0.34
高氮低效	22	18.07	20.90	16.62	9.74	15.97
	26	18.80	19.92	15.58	9.46	15.80
	27	17.97	20.26	15.63	10.10	16.07
	44	18.82	20.95	14.80	9.32	16.20
	50	18.08	20.32	15.67	10.28	15.83
	均值	18.35	20.47	15.66	9.78	15.97
	SE	0.38	0.40	0.58	0.37	0.15
低氮高效	21	9.18	15.94	11.70	10.68	18.10
	42	8.96	16.24	11.20	10.92	17.81
	45	8.97	15.63	11.33	10.80	17.59
	48	9.05	16.10	11.46	12.50	18.26
	均值	10.85	16.85	12.27	11.04	17.52
	SE	3.62	1.75	1.71	0.76	0.88

（续）

氮水平和氮利用效率	地上部含氮量（g/kg）				
	编号	幼苗期	现蕾期	抽薹期	盛花期	角果期
低氮低效	8	12.07	17.69	18.48	10.03	15.55
	18	12.35	17.18	18.37	9.60	15.87
	39	12.09	17.69	15.30	10.46	14.85
	44	11.85	17.65	16.40	9.42	15.21
	均值	13.29	18.11	16.84	9.96	15.46
	SE	2.40	1.12	1.34	0.39	0.39

附表 8　田间试验 18 个油菜品种 5 个生长期地上部氮累积量结果

氮水平和氮利用效率	地上部氮累积量（g/株）				
	编号	幼苗期	现蕾期	抽薹期	盛花期	角果期
高氮高效	7	0.059 6	0.238 7	0.181 3	0.139 3	0.514 5
	9	0.092 7	0.217 8	0.208 7	0.189 0	0.593 4
	28	0.044 3	0.319 4	0.243 0	0.151 8	0.473 6
	40	0.097 3	0.281 2	0.233 6	0.103 5	0.510 6
	48	0.049 6	0.236 1	0.258 5	0.124 4	0.580 6
	均值	0.068 7	0.258 6	0.225 0	0.141 6	0.534 5
	SE	0.022 1	0.036 8	0.027 2	0.028 6	0.045 3
高氮低效	22	0.103 4	0.319 7	0.222 9	0.088 4	0.393 9
	26	0.094 0	0.317 0	0.274 8	0.078 7	0.460 7
	27	0.079 9	0.315 3	0.342 0	0.134 9	0.302 2
	44	0.119 3	0.293 1	0.301 7	0.121 1	0.535 5
	50	0.131 0	0.348 5	0.290 7	0.127 4	0.381 4
	均值	0.105 5	0.318 7	0.286 4	0.110 1	0.414 7
	SE	0.018 1	0.017 7	0.038 8	0.022 3	0.078 6
低氮高效	21	0.038 7	0.259 8	0.395 6	0.146 1	0.498 9
	42	0.038 6	0.225 9	0.372 1	0.162 3	0.561 3
	45	0.041 1	0.256 9	0.352 1	0.183 6	0.479 7
	48	0.041 9	0.220 6	0.266 4	0.152 6	0.585 4
	均值	0.131 0	0.348 5	0.290 7	0.127 4	0.381 4
	SE	0.058 3	0.262 3	0.335 4	0.154 4	0.501 3

（续）

氮水平和氮利用效率	地上部氮累积量（g/株）				
	编号	幼苗期	现蕾期	抽薹期	盛花期	角果期
低氮低效	8	0.057 5	0.293 6	0.340 4	0.153 3	0.362 2
	18	0.049 1	0.257 3	0.211 4	0.096 3	0.367 5
	39	0.043 0	0.292 5	0.207 5	0.118 1	0.450 9
	44	0.035 7	0.303 2	0.262 6	0.110 7	0.343 4
	均值	0.131 0	0.348 5	0.290 7	0.127 4	0.381 4
	SE	0.063 3	0.299 0	0.262 5	0.121 2	0.381 1

附表 9　田间试验 18 个油菜品种 5 个生长期作物生长率结果

氮水平和氮利用效率	作物生长率（g/d）				
	编号	幼苗期	现蕾期	抽薹期	盛花期	角果期
高氮高效	7	0.075 8	0.107 5	0.498 5	0.464 2	0.013 1
	9	0.078 5	0.100 5	0.530 9	0.354 3	0.003 8
	28	0.073 4	0.124 8	0.482 8	0.477 0	0.044 6
	40	0.086 2	0.096 5	0.469 7	0.388 3	0.010 4
	48	0.067 4	0.106 9	0.461 7	0.674 1	0.081 4
	均值	0.076 3	0.107 2	0.488 7	0.471 6	0.030 7
	SE	0.006 2	0.009 7	0.024 5	0.111 2	0.029 0
高氮低效	22	0.095 4	0.108 6	0.344 8	0.244 0	0.022 3
	26	0.099 2	0.113 0	0.327 0	0.229 7	0.012 6
	27	0.095 4	0.123 9	0.283 9	0.343 5	0.058 9
	44	0.105 7	0.097 5	0.413 4	0.238 9	0.019 3
	50	0.105 1	0.106 9	0.289 0	0.369 0	0.038 2
	均值	0.100 2	0.110 0	0.331 6	0.285 0	0.030 3
	SE	0.004 5	0.008 6	0.046 8	0.058 9	0.016 6
低氮高效	21	0.054 7	0.083 5	0.486 9	0.318 6	0.022 1
	42	0.053 5	0.092 3	0.478 0	0.321 5	0.025 4
	45	0.061 2	0.081 3	0.461 9	0.301 8	0.015 4
	48	0.058 7	0.077 2	0.539 7	0.278 9	0.031 0
	均值	0.057 0	0.083 6	0.491 6	0.305 2	0.023 5
	SE	0.003 1	0.005 5	0.029 2	0.016 9	0.005 6

（续）

氮水平和氮利用效率	作物生长率（g/d）					
	编号	幼苗期	现蕾期	抽薹期	盛花期	角果期
低氮低效	8	0.065 3	0.106 0	0.379 9	0.166 6	0.043 6
	18	0.063 7	0.102 7	0.393 5	0.163 2	0.041 1
	39	0.065 7	0.095 3	0.376 8	0.218 5	0.049 4
	44	0.062 4	0.101 9	0.403 6	0.127 6	0.030 9
	均值	0.064 3	0.101 5	0.388 4	0.169 0	0.041 2
	SE	0.001 3	0.003 9	0.010 8	0.032 4	0.006 7

附表 10　田间试验 18 个油菜品种 5 个生长期叶片 SPAD 值结果

氮水平和氮利用效率	叶绿素含量					
	编号	幼苗期	现蕾期	抽薹期	盛花期	角果期
高氮高效	7	39.90	43.93	50.26	59.42	45.15
	9	39.70	44.26	50.26	50.62	44.13
	28	40.10	44.61	53.04	57.83	46.20
	40	38.30	43.85	50.79	51.40	40.83
	48	37.70	44.44	55.88	48.69	42.50
	均值	39.14	44.22	52.05	53.59	43.76
	SE	0.96	0.29	2.17	4.23	1.91
高氮低效	22	42.90	46.37	52.53	51.26	43.30
	26	41.20	47.20	57.56	47.78	40.30
	27	40.40	49.08	43.10	50.66	38.25
	44	44.20	46.90	48.57	54.61	38.68
	50	43.70	48.87	51.11	56.41	36.33
	均值	42.48	47.68	50.57	52.14	39.37
	SE	1.46	1.09	4.75	3.04	2.34
低氮高效	21	36.90	40.27	50.85	52.73	42.20
	42	34.70	45.58	42.41	49.58	40.15
	45	39.20	43.29	41.65	51.12	40.90
	48	38.60	44.73	51.51	49.29	42.85
	均值	38.62	44.55	47.51	51.83	40.49
	SE	2.98	2.82	4.48	2.60	2.28

（续）

氮水平和氮利用效率	叶绿素含量					
	编号	幼苗期	现蕾期	抽薹期	盛花期	角果期
低氮低效	8	37.90	51.86	50.20	49.73	33.70
	18	37.90	45.68	48.45	50.23	42.15
	39	39.20	42.28	50.20	48.92	37.10
	44	41.80	44.41	45.99	50.72	38.60
	均值	40.10	46.62	49.19	51.20	37.58
	SE	2.30	3.38	1.82	2.67	2.78

附表 11　田间试验 18 个油菜品种 5 个生长期净光合速率结果

氮水平和氮利用效率	净光合速率（$\mu mol \cdot m^{-2} \cdot s^{-1}$）					
	编号	幼苗期	现蕾期	抽薹期	盛花期	角果期
高氮高效	7	5.14	5.98	12.29	24.85	5.55
	9	6.17	6.24	14.33	24.60	5.94
	28	5.22	6.70	16.45	26.48	6.02
	40	5.46	6.10	16.91	25.73	5.99
	48	4.75	6.75	15.51	25.43	5.08
	均值	5.35	6.35	15.10	25.42	5.72
	SE	0.47	0.31	1.66	0.67	0.36
高氮低效	22	6.45	8.69	16.91	21.70	3.30
	26	5.67	8.31	15.33	22.07	3.60
	27	5.24	7.37	16.48	21.05	3.25
	44	6.60	8.77	17.20	22.62	3.65
	50	6.06	7.38	16.11	23.43	3.45
	均值	6.00	8.10	16.41	22.17	3.45
	SE	0.50	0.62	0.65	0.81	0.16
低氮高效	21	4.23	5.49	13.45	22.58	4.37
	42	4.18	5.48	14.37	23.48	4.69
	45	4.05	5.53	14.10	24.24	4.75
	48	4.29	5.04	14.57	22.92	4.27
	均值	4.56	5.78	14.52	23.33	4.31
	SE	0.75	0.82	0.88	0.56	0.47

（续）

氮水平和氮利用效率	净光合速率（μmol·m^{-2}·s^{-1}）					
	编号	幼苗期	现蕾期	抽薹期	盛花期	角果期
低氮低效	8	5.76	6.68	15.52	20.86	3.53
	18	5.65	6.40	15.31	21.39	3.21
	39	5.53	6.73	15.07	20.72	3.11
	44	4.98	6.57	15.97	20.85	2.41
	均值	5.60	6.75	15.60	21.45	3.14
	SE	0.35	0.33	0.39	1.02	0.40

附表 12　田间试验 18 个油菜品种 5 个生长期蒸腾速率结果

氮水平和氮利用效率	蒸腾速率（μmol·m^{-2}·s^{-1}）					
	编号	幼苗期	现蕾期	抽薹期	盛花期	角果期
高氮高效	7	0.44	2.02	3.37	4.93	2.14
	9	0.98	2.39	3.20	4.55	3.09
	28	0.46	2.58	4.22	4.29	5.93
	40	0.99	2.86	4.24	4.43	4.34
	48	1.65	4.61	3.69	4.77	6.19
	均值	0.90	2.89	3.74	4.59	4.34
	SE	0.44	0.90	0.43	0.23	1.57
高氮低效	22	1.29	4.24	2.88	4.19	5.23
	26	0.27	5.30	4.16	6.35	5.28
	27	0.34	4.17	3.44	5.28	3.47
	44	0.22	5.21	3.28	4.36	3.37
	50	0.19	4.76	3.07	5.98	5.47
	均值	0.46	4.74	3.37	5.23	4.56
	SE	0.42	0.47	0.44	0.85	0.94
低氮高效	21	0.29	4.60	4.22	6.06	4.24
	42	0.27	5.27	3.81	4.37	3.20
	45	0.27	1.97	2.54	5.04	6.75
	48	0.28	5.02	2.26	5.39	5.48
	均值	0.33	3.68	2.77	4.49	4.20
	SE	0.01	1.32	0.83	0.61	1.33

（续）

氮水平和氮利用效率	蒸腾速率（μmol·m^{-2}·s^{-1}）				
	编号	幼苗期	现蕾期	抽薹期	盛花期	角果期
低氮低效	8	0.23	5.02	3.81	4.92	6.01
	18	0.13	5.44	3.09	6.63	4.95
	39	0.15	5.97	3.42	5.05	4.92
	44	0.55	5.98	4.00	5.28	4.75
	均值	0.26	5.60	3.58	5.47	5.16
	SE	0.17	0.40	0.35	0.68	0.50

附表 13　田间试验 18 个油菜品种 5 个生长期气孔导度结果

氮水平和氮利用效率	气孔导度（μmol·m^{-2}·s^{-1}）				
	编号	幼苗期	现蕾期	抽薹期	盛花期	角果期
高氮高效	7	0.44	3.48	2.10	0.59	0.07
	9	0.46	4.47	2.60	0.62	0.08
	28	0.53	2.68	2.44	0.71	0.16
	40	0.45	5.92	2.13	0.60	0.26
	48	0.34	4.81	2.42	0.45	0.21
	均值	0.44	4.27	2.34	0.59	0.15
	SE	0.06	1.11	0.19	0.08	0.07
高氮低效	22	0.33	4.31	2.24	0.44	0.18
	26	0.33	2.64	2.26	0.45	0.06
	27	0.34	4.19	2.08	0.45	0.14
	44	0.39	3.24	2.30	0.52	0.31
	50	0.52	5.94	2.59	0.69	0.14
	均值	0.38	4.06	2.29	0.51	0.16
	SE	0.07	1.12	0.17	0.09	0.08
低氮高效	21	0.43	4.19	2.41	0.58	0.21
	42	0.33	2.65	2.41	0.44	0.13
	45	0.39	3.05	2.47	0.52	0.12
	48	0.41	2.29	2.62	0.55	0.24
	均值	0.34	2.89	2.06	0.45	0.16
	SE	0.04	0.72	0.09	0.05	0.05

（续）

氮水平和氮利用效率	气孔导度（$\mu mol \cdot m^{-2} \cdot s^{-1}$）				
	编号	幼苗期	现蕾期	抽薹期	盛花期	角果期
低氮低效	8	0.29	2.91	2.39	0.39	0.13
	18	0.44	3.99	2.50	0.58	0.21
	39	0.38	5.26	2.25	0.50	0.21
	44	0.39	3.53	2.40	0.52	0.09
	均值	0.31	3.22	1.95	0.42	0.14
	SE	0.05	0.86	0.09	0.07	0.05

附表 14　田间试验 18 个油菜品种 5 个生长期叶片硝酸还原酶结果

氮水平和氮利用效率	叶片硝酸还原酶活性（$\mu g \cdot g^{-1} \cdot h^{-1}$）				
	编号	幼苗期	现蕾期	抽薹期	盛花期	角果期
高氮高效	7	0.79	1.05	1.07	0.77	0.03
	9	0.77	1.02	1.02	1.75	0.03
	28	0.72	0.97	1.12	1.79	0.05
	40	0.84	1.12	1.23	1.40	0.03
	48	0.89	1.18	1.23	1.18	0.04
	均值	0.80	1.07	1.13	1.38	0.03
	SE	0.05	0.07	0.08	0.35	0.01
高氮低效	22	0.78	1.04	1.20	1.45	0.03
	26	0.88	1.17	1.18	1.56	0.03
	27	0.78	1.05	1.16	2.01	0.03
	44	0.96	1.28	1.15	0.78	0.03
	50	0.77	1.02	1.11	0.85	0.04
	均值	0.83	1.11	1.16	1.33	0.03
	SE	0.07	0.09	0.03	0.42	0.00
低氮高效	21	0.40	0.53	1.13	0.43	0.03
	42	0.52	0.70	1.13	0.46	0.05
	45	0.62	0.82	1.10	0.92	0.03
	48	0.39	0.51	1.17	2.50	0.04
	均值	0.55	0.74	1.14	1.13	0.04
	SE	0.08	0.11	0.08	0.75	0.01

（续）

氮水平和氮利用效率	叶片硝酸还原酶活性（$\mu g \cdot g^{-1} \cdot h^{-1}$）					
	编号	幼苗期	现蕾期	抽薹期	盛花期	角果期
低氮低效	8	0.86	1.14	1.14	0.92	0.03
	18	0.72	0.96	1.23	0.76	0.02
	39	0.38	0.51	1.25	1.30	0.03
	44	0.57	0.76	1.18	1.24	0.03
	均值	0.62	0.82	1.19	1.07	0.03
	SE	0.16	0.22	0.10	0.20	0.00

附表 15　田间试验 18 个油菜品种 5 个生长期叶片谷氨酰胺合成酶结果

氮水平和氮利用效率	叶片谷氨酰胺合成酶活性（$\mu g \cdot g^{-1} \cdot h^{-1}$）					
	编号	幼苗期	现蕾期	抽薹期	盛花期	角果期
高氮高效	7	26.57	36.10	65.01	104.69	20.92
	9	25.95	35.93	58.35	99.25	19.14
	28	26.04	34.71	67.34	91.21	19.68
	40	25.87	34.49	59.66	93.24	19.00
	48	26.32	36.43	61.90	100.14	19.48
	均值	26.15	35.53	62.45	97.71	19.64
	SE	0.26	0.78	3.33	4.88	0.68
高氮低效	22	29.18	38.90	59.91	63.90	15.84
	26	29.98	39.98	58.25	69.76	15.38
	27	30.04	39.39	59.76	71.41	16.01
	44	30.47	40.62	57.33	73.63	14.86
	50	31.29	41.73	58.61	81.97	14.72
	均值	30.19	40.12	58.77	72.13	15.36
	SE	0.69	0.99	0.96	5.88	0.51
低氮高效	21	23.76	39.01	48.54	69.44	17.31
	42	24.95	40.60	50.34	89.19	18.50
	45	21.16	35.54	46.56	87.38	16.98
	48	27.25	43.66	55.40	69.44	18.03
	均值	25.68	40.11	51.89	79.48	17.11
	SE	3.42	2.74	4.46	8.54	1.31

（续）

氮水平和氮利用效率	叶片谷氨酰胺合成酶活性（$\mu g \cdot g^{-1} \cdot h^{-1}$）				
	编号	幼苗期	现蕾期	抽薹期	盛花期	角果期
低氮低效	8	21.34	31.78	46.60	50.14	12.04
	18	34.18	48.90	48.06	47.26	10.90
	39	23.23	34.31	43.08	53.07	12.53
	44	31.26	45.01	46.57	61.24	15.38
	均值	28.26	40.35	48.58	58.74	13.11
	SE	5.03	6.43	5.27	12.52	1.68

附表16　田间试验18个油菜品种5个生长期叶片谷氨酸合成酶结果

氮水平和氮利用效率	叶片谷氨酸合成酶活性（$\mu g \cdot g^{-1} \cdot h^{-1}$）				
	编号	幼苗期	现蕾期	抽薹期	盛花期	角果期
高氮高效	7	20.96	31.54	42.81	55.12	16.49
	9	20.76	28.29	42.57	60.18	14.17
	28	21.15	30.86	47.52	51.66	13.67
	40	22.00	29.39	44.56	65.44	13.89
	48	21.53	30.15	46.20	49.25	15.18
	均值	21.28	30.05	44.73	56.33	14.68
	SE	0.44	1.13	1.91	5.85	1.04
高氮低效	22	25.22	35.44	50.93	52.67	10.58
	26	22.24	35.56	48.97	50.18	9.34
	27	23.72	36.67	45.63	51.17	10.67
	44	23.88	33.19	47.13	48.22	8.45
	50	20.66	34.09	44.76	52.96	9.61
	均值	23.14	34.99	47.48	51.04	9.73
	SE	1.56	1.22	2.24	1.74	0.83
低氮高效	21	19.30	28.18	40.06	50.12	12.45
	42	20.39	29.18	40.72	54.29	11.99
	45	20.05	29.05	41.64	53.67	11.34
	48	21.11	30.27	42.78	49.80	12.46
	均值	20.30	30.15	41.99	52.17	11.57
	SE	0.61	2.08	1.66	1.85	1.06

（续）

氮水平和氮利用效率	叶片谷氨酸合成酶活性（$\mu g \cdot g^{-1} \cdot h^{-1}$）					
	编号	幼苗期	现蕾期	抽薹期	盛花期	角果期
低氮低效	8	22.22	31.14	42.66	47.44	8.56
	18	20.91	30.33	41.88	46.98	7.89
	39	21.86	30.17	43.66	48.26	8.23
	44	22.08	29.08	42.56	48.64	8.36
	均值	21.55	30.96	43.10	48.86	8.53
	SE	0.64	1.70	1.00	2.13	0.58

附表17　田间试验18个油菜品种5个生长期叶片谷氨酸脱氢酶结果

氮水平和氮利用效率	叶片谷氨酸脱氢酶活性（$\mu g \cdot g^{-1} \cdot h^{-1}$）					
	编号	幼苗期	现蕾期	抽薹期	盛花期	角果期
高氮高效	7	54.72	67.56	89.88	115.67	12.45
	9	47.13	58.19	89.88	95.89	16.89
	28	34.30	42.34	92.40	102.78	24.73
	40	40.65	50.19	84.40	99.15	29.86
	48	29.22	36.07	79.92	103.81	20.97
	均值	41.20	50.87	87.30	103.46	20.98
	SE	8.26	10.20	4.13	6.13	5.51
高氮低效	22	62.65	77.34	80.53	88.23	7.45
	26	52.84	65.23	85.03	93.67	12.43
	27	47.89	59.12	90.32	81.29	9.19
	44	48.96	60.44	92.12	103.49	15.67
	50	64.01	79.02	95.26	84.42	10.91
	均值	55.27	68.23	88.65	90.22	11.13
	SE	6.20	7.66	4.79	7.13	2.57
低氮高效	21	55.40	68.39	89.16	135.19	32.56
	42	45.64	56.34	83.79	102.52	27.45
	45	56.52	69.78	83.96	99.82	20.73
	48	42.65	52.65	84.79	128.39	40.86
	均值	51.09	63.08	86.07	111.23	26.55
	SE	5.97	7.36	5.52	16.57	7.29

（续）

氮水平和氮利用效率	叶片谷氨酸脱氢酶活性（$\mu g \cdot g^{-1} \cdot h^{-1}$）					
	编号	幼苗期	现蕾期	抽薹期	盛花期	角果期
低氮低效	8	65.43	80.78	86.76	66.34	30.27
	18	52.88	65.29	94.99	83.94	18.38
	39	57.90	71.48	82.36	96.28	25.69
	44	51.30	63.33	91.82	76.88	16.82
	均值	55.72	68.79	88.40	86.93	23.54
	SE	6.52	8.05	7.94	10.32	5.00

附表 18 cDNA 合成体系

组分	体积（μL）
Total RNA	1
Anchored Oligo（dT）$_{18}$	1
2×ES Reaction Mix	10
EasyScript® RT/RI Enzyme Mix	1
RNA‑Free Water	7

附表 19 油菜角果差异表达基因的实时荧光定量 PCR 引物

基因	实时荧光定量 PCR 引物
BnACTIN	Forward：5′‑ ACGAGCTACCTGACGGACAAG‑3′ Reverse：5′‑ GAGCGACGGCTGGAAGAGTA‑3′
BnARF18	Forward：5′‑ GTGAACAAGTATATGGAAGCTAT‑3′ Reverse：5′‑ CTGTTGTTGGCTCATCCCAT‑3′
BnLCR	Forward：5′‑ AAGGAGGTTTAAGGGATATGAGA‑3′ Reverse：5′‑ CTACAAAATGGATTCGAGGACTC‑3′
BnaC9. SMG7b	Forward：5′‑ CCCTGGAATTGCTGACCGTA‑3′ Reverse：5′‑ TGGAAAGTGCTGAGGGATGC‑3′
BnDA1	Forward：5′‑ ACGAGCTACCTGACGGACAAG‑3′ Reverse：5′‑ GAGCGACGGCTGGAAGAGTA‑3′

附表 20　梯度/实时荧光定量 PCR 反应体系

组分	体积（μL）
正向引物	1
反向引物	1
10 × Easy Taq buffer	5
2.5 dNTPs	4
Easy Taq DNA polymerase	0.3
DNA polymerase	0.5
cDNA	2
ddH$_2$O	6.2

注：反应程序（35 个循环）——94℃ 变性 30 s，65℃ 退火 30s，72℃ 延伸 30s，检测荧光信号。

附表 21　田间和盆栽试验 18 个油菜品种雄蕊性状结果

氮水平和氮利用效率	编号	花粉数目（粒）	花粉活力（％）
	7	2 720	85.50
	9	2 645	86.56
	28	1 340	82.35
高氮高效	40	3 395	87.63
	48	2 160	86.87
	均值	2 452	85.78
	SE	681	1.85
	22	1 415	75.39
	26	1 270	64.95
	27	1 995	72.66
高氮低效	44	1 805	72.78
	50	2 020	72.69
	均值	1 701	71.69
	SE	305	3.53
	21	1 825	74.20
	42	2 285	75.32
	45	2 015	75.37
低氮高效	48	1 500	75.63
	均值	1 906	75.13
	SE	286	0.55

（续）

氮水平和氮利用效率	编号	花粉数目（粒）	花粉活力（%）
	8	1 580	67.35
	18	1 440	61.58
低氮低效	39	1 105	63.83
	44	1 510	61.03
	均值	1 409	63.45
	SE	182	2.49

附表 22　田间和盆栽试验 18 个油菜品种胚珠性状和主花絮长度结果

氮水平和氮利用效率	编号	初始胚珠数目（个）	胚珠败育率（%）	主花絮长度（cm）
	7	31.25	14.25	49.80
	9	32.00	18.55	67.50
	28	33.75	27.54	55.50
高氮高效	40	39.25	19.14	51.50
	48	33.75	18.49	58.50
	均值	34.00	19.59	56.56
	SE	2.80	4.34	6.26
	22	27.00	28.25	61.50
	26	37.50	30.39	60.50
	27	35.25	35.36	40.50
高氮低效	44	32.75	28.25	56.50
	50	31.75	40.12	69.50
	均值	32.85	32.47	57.70
	SE	3.54	4.62	9.58
	21	31.75	36.00	61.50
	42	30.75	39.87	53.50
	45	31.25	38.91	58.50
低氮高效	48	30.25	40.17	54.50
	均值	31.00	38.74	57.00
	SE	0.56	1.65	3.20

（续）

氮水平和氮利用效率	编号	初始胚珠数目（个）	胚珠败育率（%）	主花絮长度（cm）
	8	29.50	44.28	56.50
	18	25.25	48.96	61.50
低氮低效	39	32.25	58.73	52.50
	44	35.00	49.98	57.50
	均值	30.50	50.49	57.00
	SE	3.60	5.22	3.20

附表 23　根系硝酸盐转运蛋白差异表达基因的实时荧光定量 PCR 引物

基因	引物	序列（5'-3'）
Actin	*Actin* - F	ACAGTGTCTGGATCGGTGGTTC
	Actin - R	TGCCTCATCATACTCAGCCTTG
BnNRT1.1	*NRT1.1* - F	ATGGTAACCGAAGTGCCTTG
	NRT1.1 - R	TGATTCCAGCTGTTGAAGC
BnNRT1.5	*NRT1.5* - F	CAATCTACTTGATCGCATTG
	NRT1.5 - R	CCTGTAGGCTTGAAGTTTCG
BnNRT1.8	*NRT1.8* - F	GGCAAATGGCTCAGTGCTAT
	NRT1.8 - R	GCAACCACTTGGTTCAAGTA
BnNRT2.1	*NRT2.1* - F	TGGTGGAATAGGCGGCTCGAGTTG
	NRT2.1 - R	GTATACGTTTTGGGTCATTGCCAT
BnNRT2.5	*NRT2.5* - F	TTATCGCACGAGAACAAAG
	NRT2.5 - R	TTCCACAATGGGGAGGTATG
BnNRT2.6	*NRT2.6* - F	TCACGGCAAGGGAACAAAT
	NRT2.6 - R	AAGGTGGAGATGAAGCAGGT

附表 24　高氮条件下不同氮利用效率油菜花后根系形态差异分析

采样时期	总投影面积（cm²）		根尖数（个）		平均根系直径（mm）		根分支数（个）	
	高氮高效	高氮低效	高氮高效	高氮低效	高氮高效	高氮低效	高氮高效	高氮低效
10 DAF	36.45 a	28.58 b	1 893.25 a	1 192.50 b	1.47 a	0.57 b	4 193.50 a	2 141.00 b
20 DAF	47.78 a	31.18 b	1 886.25 a	1 401.75 b	1.66 a	1.77 a	4 498.50 a	3 690.00 b
30 DAF	66.99 a	46.81 b	1 849.75 a	1 963.25 a	1.56 a	1.63 a	6 832.25 a	5 991.50 b
40 DAF	43.62 a	36.82 b	3 108.25 a	3 020.00 a	1.77 a	1.87 a	6 526.50 a	2 579.00 b

附表 25　低氮条件下不同氮利用效率油菜花后根系形态差异分析

采样时期	总投影面积（cm²）		根尖数（个）		平均根系直径（mm）		根分支数（个）	
	低氮高效	低氮低效	低氮高效	低氮低效	低氮高效	低氮低效	低氮高效	低氮低效
10 DAF	16.42 a	11.90 b	1 015.50 a	920.00 a	0.57 a	0.49 a	4 357.50 a	1 739.50 b
20 DAF	16.13 a	12.66 b	1 366.75 a	1 416.25 a	0.80 a	0.57 b	3 585.00 a	3 437.75 a
30 DAF	23.92 a	26.45 a	2 451.75 a	2 571.00 a	0.65 a	0.70 a	3 939.25 a	4 504.50 a
40 DAF	25.38 a	23.88 a	2 643.50 a	2 265.25 b	1.20 a	0.72 b	4 349.25 a	3 389.50 b

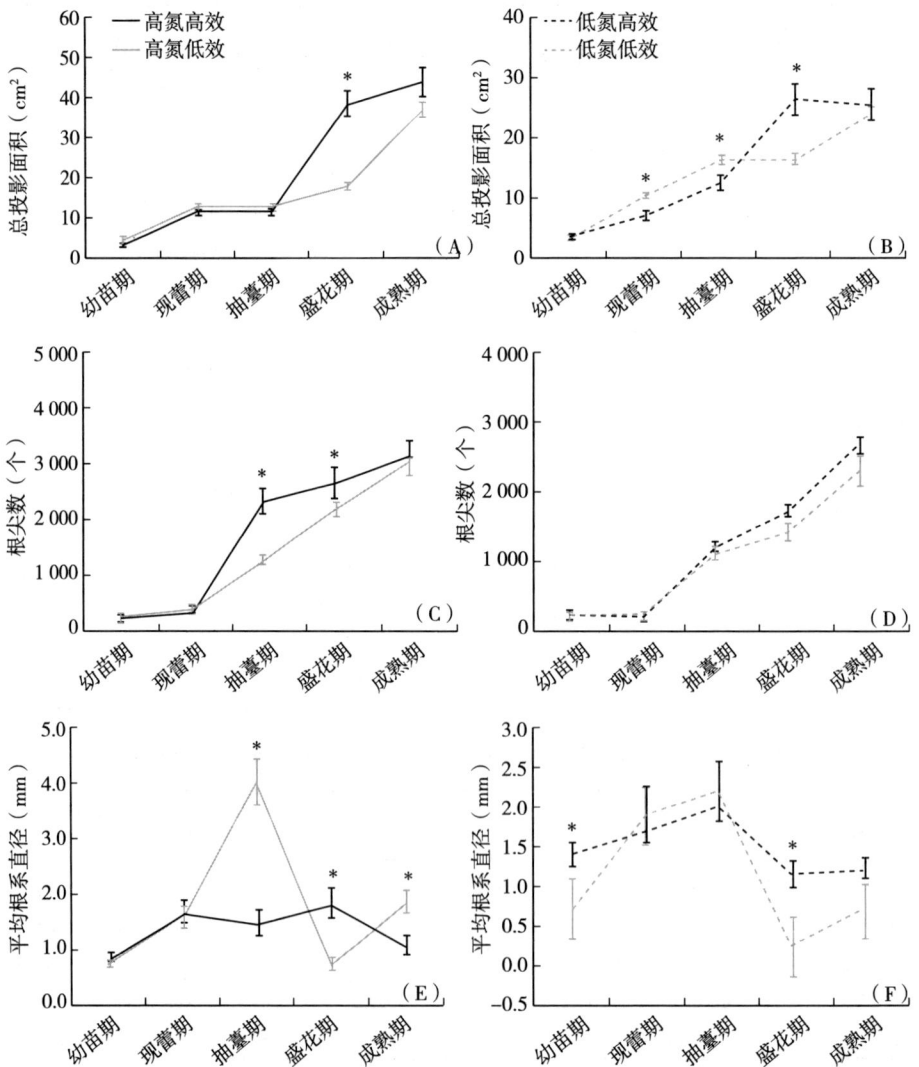

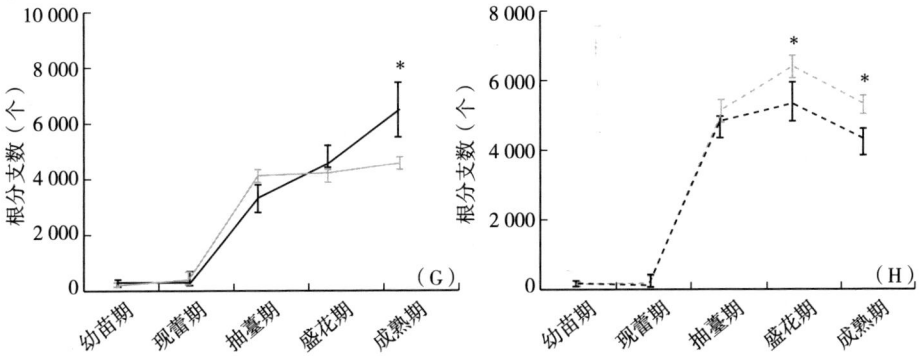

附图 1　不同氮利用效率油菜品种幼苗期、现蕾期、抽薹期、
盛花期和角果期根系形态差异分析

注：折线图上面星号表示不同油菜品种之间存在显著差异（$P<0.05$）。

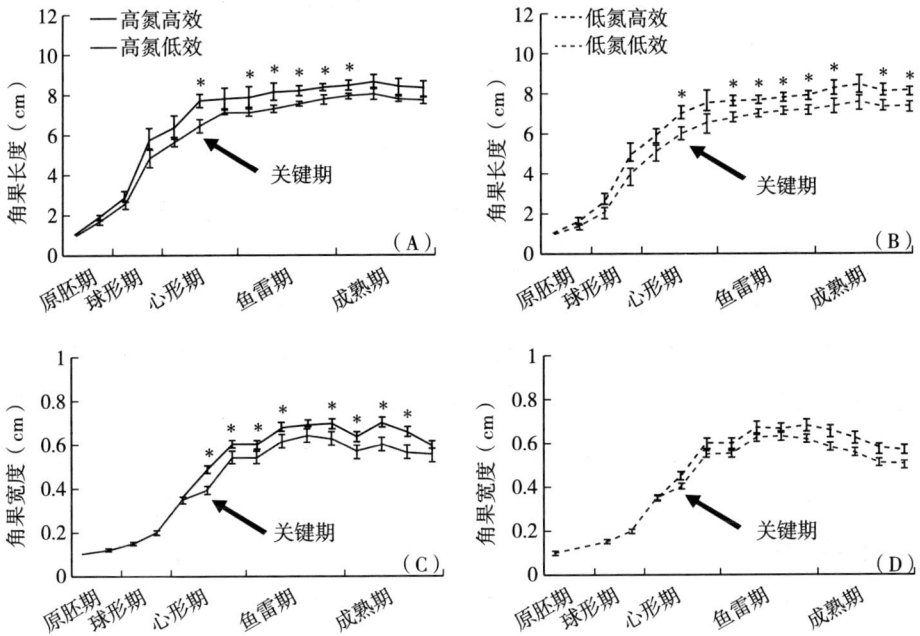

附图 2　不同氮利用效率油菜角果长度（A、B）和角果宽度（C、D）
从原胚期到成熟期差异分析

注：折线图上面星号表示不同油菜品种之间存在显著差异（$P<0.05$）。

致 谢
ACKNOWLEDGEMENT

　　本来以为致谢部分的撰写是比较容易的，可是开始写时才发现难以下笔，我想是因为这其中包含太多的不舍和怀念。从 2016 年收到西北农林科技大学的博士录取通知书那一刻开始，我深刻认识到校训"诚朴勇毅"的真正含义。在西农的 5 年时间，感谢在我学习和科研过程中提供帮助的家人、老师和同门。

　　首先向我的家人们致谢。父母把我带到这个世界，并且一直教导我做人要诚实可信，做事要脚踏实地。妻子在我博士期间默默支持和鼓励我，成为我最坚实的后盾。每当我感觉疲惫时，看着郭昱初小朋友无忧无虑的视频，立刻让我精力充沛、干劲十足。

　　其次向我的博士导师——高亚军教授致谢。高老师从研究方向的确定、试验方案的设计、试验数据的处理以及书稿的修改等方面都给了我很多建议。与此同时，高老师一直致力于培养我独立思考和操作能力，让我在博士期间收获颇丰。在我博士期间做试验过程中，不得不提及师娘华英老师给予的帮助，让我能够顺利完成试验内容。没有您，我的试验之路定会困难重重。

　　然后要向加拿大农业部渥太华研发中心合作导师——Ma Buo‐Luo 教授致谢。您为我系统讲解如何撰写研究论文，并且在论文发表过程中悉心教导我如何修改，让我获益匪浅。也要感谢善良耐心的 Neil 教授给我科研方面的思考和启发，感谢 Dr. Zheng、Mrs. Lynne 和 Mrs. Rachelle 在试验方面的帮助。

之后要向研究过程中给我提出建议的老师致谢。在开题过程中，周建斌、曹翠玲、胡胜武、王朝辉和王林权教授给我提供了很多建设性的意见。在向旱地土壤培肥与高效施肥科研创新团队汇报我的研究进展时，翟丙年、刘金山、田汇、黄冬琳、张达斌等老师总是耐心地给我很多建议与鼓励。在预答辩过程中感谢王林权、冯佰利、宋海星、曹翠玲、田汇老师提出宝贵的修改意见。同时也要感谢于澄宇老师、李晓明老师以及朱海兰在我试验遇到困难时伸出援助之手。

此外，要向我的同门致谢。田间试验过程中感谢高丽星的帮助，盆栽试验中感谢付蓉的帮助，水培试验中感谢李梦蛟和谢玉育的帮助，沙培试验中感谢南运有的帮助。还要特别感谢贺慧英在我试验过程中的指导。

最后，想引用 *Hall of Fame* 歌词对 NBA 历史级超级巨星勒布朗·詹姆斯说"Standing in the hall of fame，and the world's gonna know your name. Cause you burn with the brightest flame，and you'll be on the walls of the hall of fame"。

郭　肖

2021 年 4 月 15 日于杨凌

图书在版编目（CIP）数据

不同油菜品种氮素利用效率差异生理机制 / 郭肖著.
北京：中国农业出版社，2025. 1. -- ISBN 978-7-109
-33157-0

Ⅰ. S634.306

中国国家版本馆 CIP 数据核字第 20256U2H43 号

不同油菜品种氮素利用效率差异生理机制
BUTONG YOUCAI PINZHONG DANSU LIYONG XIAOLÜ
CHAYI SHENGLI JIZHI

中国农业出版社出版

地址：北京市朝阳区麦子店街 18 号楼

邮编：100125

责任编辑：肖　杨

版式设计：王　晨　责任校对：吴丽婷

印刷：中农印务有限公司

版次：2025 年 1 月第 1 版

印次：2025 年 1 月北京第 1 次印刷

发行：新华书店北京发行所

开本：720mm×960mm　1/16

印张：10

字数：143 千字

定价：78.00 元